L'EQUILIBRIO INVISIBILE

激素的秘密

[意] 伊拉里亚·梅西蒂（Ilaria Messuti） 著　　温爽 陈晶晶 译

江苏凤凰科学技术出版社 · 南京

图书在版编目(CIP)数据

激素的秘密 /(意)伊拉里亚·梅西蒂著;温爽,陈晶晶译.
—南京:江苏凤凰科学技术出版社,2025.8
ISBN 978-7-5713-4220-3

Ⅰ.①激… Ⅱ.①伊… ②温… ③陈… Ⅲ.①激素-普及读物 Ⅳ.①Q57-49
中国国家版本馆CIP数据核字(2024)第030347号

激素的秘密

著　　者	[意]伊拉里亚·梅西蒂(Ilaria Messuti)
译　　者	温　爽　陈晶晶
插　　画	钮书童
责任编辑	李莹肖　潘文雪　董　玲
责任校对	罗章莉
责任设计编辑	蒋佳佳
责任监制	刘文洋
出版发行	江苏凤凰科学技术出版社
出版社地址	南京市湖南路1号A楼,邮编: 210009
出版社网址	http://www.pspress.cn
印　　刷	南京新世纪联盟印务有限公司
开　　本	889 mm × 1 194 mm　1/32
印　　张	7.25
字　　数	145 000
版　　次	2025年8月第1版
印　　次	2025年8月第1次印刷
标准书号	ISBN 978-7-5713-4220-3
定　　价	58.00元

推荐序

倾听你的“荷尔蒙”

激素（荷尔蒙）：我们体内的隐形导演

一天下午，患者小杨顶着黑眼圈来到我的诊室，有气无力地诉说道：“医生啊，我才 30 岁，怎么整天都觉得很困很累不想动？”我仔细一询问，原来，他由于工作压力太大，经常加班，每天需要靠 5 杯咖啡续命，凌晨两三点才睡觉是常态，周末全靠外卖养活。最近他发现自己记忆力下降、情绪暴躁，还胖了 5 千克。检查结果毫不意外：皮质醇节律昼夜颠倒，出现了胰岛素抵抗，睾酮水平低得像个老大爷。

我问他："你知道为什么咖啡喝得越多越累吗？"他摇头。我解释道："过多的咖啡因会刺激肾上腺分泌过量的皮质醇，就像老板逼着员工每天工作20个小时——短期能扛，长期当然要罢工了！"小杨听完苦笑："原来是我的激素在抗议啊，我还以为是自己变懒了呢。"

小杨的遭遇，不过是万千普通人"激素大戏"的普通一集。在医院工作了20多年，我每天都会遇到形形色色的"激素故事"。这些故事有的让人哭笑不得，有的令人心疼，但无一例外都让我深刻意识到——激素，这个藏在身体里的"隐形导演"，悄悄影响着我们的情绪、精力、身材，甚至是人际关系。

"拼命""自律""保健品"背后的危机

诊室里最让我担忧的，是那些把"拼命"当常态的年轻人。比如28岁的电商主播露露，"双十一购物节"期间每天直播12小时，嗓子哑到靠润喉糖硬撑，凌晨下播后还要啃着辣条复盘数据。3个月后，她的月经"不见"了，脸上冒出的痘痘连美颜滤镜都遮不住。"粉丝说我这是'憔悴美'，但我知道这明明叫'激素垮塌风'！"她指着镜子里浮肿的脸自嘲道。我翻阅着她的检查报告，发现她的雌激素水平明显下降，皮质醇水平显著上升。我提醒露露："这是激素在给你发求救信号呢。"

有时候，自律的本质就是自虐。29 岁的瑜伽教练娜娜，每天早上 5 点起床冥想，吃草啃坚果，硬生生把体脂率降到 15%，却闭经了半年。"我连油星子都没沾过，怎么卵巢就提前退休了?"她盯着 B 超单上稀稀拉拉的卵泡，眼泪汪汪。

50 岁的刘姐，刚进入围绝经期（俗称"更年期"），体内的雌激素水平下降，出现了潮热、失眠等症状。经朋友推荐，未经医师评估她就自行购买了一种"更年期保健品"（含大剂量大豆异黄酮和补骨脂提取物），并搭配含雌激素的"抗衰美容口服液"。服药 2 个月后，她更年期的症状的确得到了缓解，但开始出现乳房胀痛。来医院一检查，确诊为早期乳腺癌。

编者注：1994 年世界卫生组织废除"更年期"的说法，改用"围绝经期"。但在本书中，为了方便大家理解，仍然使用"更年期"一词。

这些让人担忧的故事，正是《激素的秘密》这本书要为你破解的谜题。它不像有些养生主播那样会恐吓式营销，而是像闺蜜吐槽般为你揭秘：为什么“996”熬到最后，月经比年终奖消失得更快？为什么压力大的时候，看见甜品柜就像饿狼看见肉？为什么明明吃得像兔子，肚子却鼓得像青蛙？

这本书里没有“正襟危坐”的严肃医嘱，而是带你看懂激素的“加密对话”——当皮质醇在深夜“蹦迪”，便会引发代谢信号“罢工”；当激素“波动跳水”，大脑情绪中枢就会化作“易燃易爆危险品”……

最聪明的宠爱，是听懂身体的暗号

现在，请把你的激素系统想象成一个社群——雌激素是群主，负责皮肤光泽和情绪维稳；孕激素是气氛组，调节月经周期和体温波动；甲状腺激素是数据分析师，掌管代谢速度和能量分配……而《激素的秘密》就是你的“身体群聊翻译器”，让你终于能够看懂那些“潮热”“爆痘”“情绪过山车”背后的潜台词。

所以，当你下次因为压力过大而暴饮暴食，或深夜失眠不自觉开始刷短视频时，赶紧翻翻这本书，你就会恍然大悟："原来是我的皮质醇在暗中操控!"

毕竟，就像书里告诉我们的那样：压力激素会偷走你的好心情，但你可以用一场酣畅淋漓的跑步或一段舒缓的冥想去安抚它。别忘了，身体的掌控权始终在你手中，而《激素的秘密》就是你的"激素调节指南"。

周红文

江苏省人民医院内分泌科

主任医师、教授、博士生导师

自序

激素对你的影响远超你的想象

激素（hormone，音译为荷尔蒙），是一种特殊的化学物质，包括甲状腺激素、胰岛素、消化道激素、生长激素、催乳素、催产素、雌激素、雄激素、肾上腺素等。激素就像一个使者，负责在我们身体各部分之间传递信息，它会通过血液循环系统向我们的各个器官发出指令，告诉它们如何发挥作用以及发挥多大程度的作用。

可以说，激素不仅会影响我们的体温、代谢、情绪、发育和生育功能，而且能帮助我们的身体利用或储存能量，调节体液平衡以及血糖水平。我们时常将自己出色或糟糕的表现，以及自身或他人的情绪波动，归咎于激素的作用。

在我看来，**有些激素能激起我们的斗志，有些激素能让我们保持清醒，有些激素可以帮助我们燃烧脂肪，有些激素则是我们半夜暴饮暴食的罪魁祸首。**

这些都没错，但并不全面。

作为一名内分泌科医师，一名专门研究激素及腺体的医师，我对自己的专业领域受到过分的关注，其实略感纠结。一方面，看到自己"关注"多年的器官和物质如此被重视，我倍感欣喜。但是另一方面，过多的关注容易助长一些错误观念的传播，有些观念无伤大雅，有些却可能造成负面影响。

关于健康问题的一些认识误区，会造成很多严重的后果。在我的诊室里，许多患者试图通过一些"非主流"的营养理论来"激活代谢"或解决甲状腺问题，却招来了更多麻烦。还有一些人，因为滥用被吹嘘为"灵丹妙药"的某些营养补充剂，导致甲状腺出现了问题。

对我来说，写这样一本书的意义远超传播知识本身，我希望它能够帮助大家避免不必要的痛苦，提升大家的健康认知水平。本书的每一章都会系统性地解析一个我特别关心的问题，或是我在日常工作中频繁遇到的问题。在必要时，我会就某一个腺体，比如甲状腺，进行专题介绍，但更多的时候，我会分析激素与我们健康之间的复杂关系，解读相关疾病及其治疗方法。

在本书中，大家将会接触到一系列的专题性问题，我将这个板块叫作"认识误区"，即关于内分泌系统运作的错误观念，例如，甲状腺和环境中的碘之间、多囊卵巢综合征和不孕症之间、骨质疏松症和日常运动之间的各种错误信息，等等。同时，我也会提供一些"小贴士"，帮助大家更好地了解这些专题性问题。

这本书并非对激素和腺体问题的终极解读，但我希望它是一本信息精准的书，一本能够清晰地回答我在诊所最常被询问的问题的书。如果它能帮助大家提出更具体的问题，我将更加开心。本书的每一章，我都会以一个患者的提问开始，此举并非哗众取宠，而是从我自身经验出发，在实践中总结出来的一种工作方法。

我在内分泌专科坐诊多年，积累了不少临床经验。但直到亲自照料患病的父亲，我才真正学会站在患者和家属的角度思考问题。真正站在了家属的角度，我才明白：无论你的学历有多高、对病情的了解有多深、事先做了多少准备，到了亲自照料患病家属的时候，都会显得无足轻重。一旦身份变为患者家属，就容易陷入迷茫——只能耐着性子等待结果，这种感觉实在让人焦灼。脑子里明明盘旋着一堆问题去问医师，可话到嘴边，偏偏就忘了那个最想问的问题。有时候在诊室里觉得自己把情况都摸清了，可一回到家，才发现好多细节其实根本没弄明白。

作为一名有病患护理经验的人，我非常理解每天来找我看病的人眼中包含的期待。实际上，这种对他们的共情，才是“患者的信任是医师最大的动力”这句话的最佳注解。幸运的是，医师不重视与患者的沟通、一味以权威者的身份给出治疗方案的时代已经落幕。得益于互联网的普及，现在人们能够以前所未有的方式接触到专业的信息，与此同时，医师的角色定位也必然要发生改变。

我们的工作职责之一，便是帮助患者理解和筛选从互联网上获取的信息。

对我来说，这是最重要的部分，也是最难的部分。当患者面对大量信息时，很容易觉得自己掌握了充足的信息，但其实他们很难筛选出有科学依据的内容。这是一项持久的挑战，充满人情味的沟通、接触始终是这项工作中我很喜欢的一部分。倾听、理解和陪伴是重要的治疗手段，旨在让患者认清自己的情况，更愿意配合医师来解决问题。而患者的配合，可不是轻易就有的。

正是基于这个原因，我产生了向大众科普内分泌学知识的想法。于是在 2020 年 5 月，我创建了一个自媒体账号，专门用于介绍“激素世界”的相关知识，那时候，这个专题还鲜有人涉足。

这本书的出版，标志着这段旅程第二阶段的启动。这段旅程可谓始于一个具有象征意义的时刻：当时，我在一家诊所向一位同行咨询，在那里我获得了耐心的倾听和帮助。而这正是我努力为患者提供的，也因此获得了他们的感激。或许，用这样的感言来作为自序有些过于感性了，但这正是我写这书的初衷——探索情感、知识和健康之间奇妙的联系。

编者注：本书内容不能替代专业医疗咨询。若需具体医学建议，请向有资质的专业医师进行咨询。

目录

绪论

激素是什么

激素是由内分泌腺或内分泌细胞分泌的高效生物活性物质，通过体液运输作用于靶器官或靶细胞，对机体的代谢、生长、发育、生殖等生理活动起到调节作用。

激素主要源自内分泌系统

激素作为由内分泌腺或内分泌细胞分泌的高效生物活性物质，其调控机制与人体健康息息相关。所以，认识激素之前，我们先来了解一下激素的生产车间——内分泌系统。

内分泌系统，是我们身体中最为复杂的控制系统之一，由多个复杂的内分泌腺体网络构成，腺体器官遍布我们的全身，包括垂体、甲状腺、甲状旁腺、肾上腺、胸腺、生殖腺等，激素就是由它们负责合成和调控的。

其中内分泌腺是本书的主角，包括垂体、甲状腺、甲状旁腺、胰腺、肾上腺、卵巢和睾丸等。它们分泌的物质（激素）相互作用，由血液输送至全身，负责传递信息并向我们的器官和组织发出指令，以确保它们正常运作。

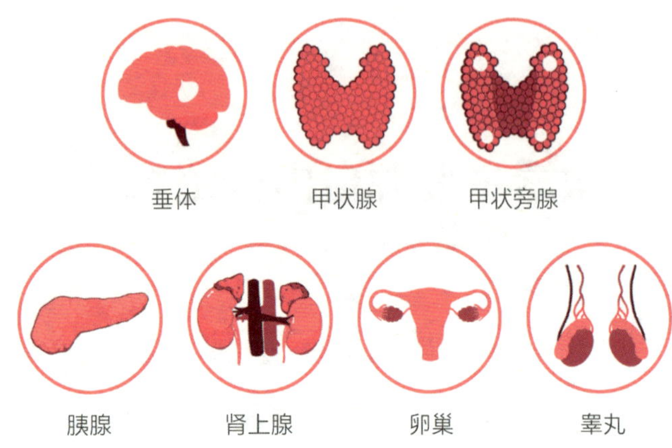

此外，我们身体里还分布有很多外分泌腺，如唾液腺、汗腺、皮脂腺、胃腺、肠腺等。有些腺体能起到润滑腔隙的作用，如唾液腺；有些腺体具有消化功能，如胃壁中的腺体；皮肤表面分布的皮脂腺和汗腺，可以起到护理皮肤和调节体温的作用。外分泌腺体的疾病要由不同的专科医师治疗，因为这取决于腺体所在的位置（如唾液腺问题首选耳鼻喉科，胃壁腺问题首选消化科，皮肤汗腺问题首选皮肤科等）。

这两种腺体之间最明显的区别是，**外分泌腺只在其所处位置产生局部作用，而内分泌腺则可以向相距甚远的区域传递信息，对多处靶器官和靶细胞产生作用。**因此，从我的研究角度来看，内分泌腺体更有意思。所以，我承认自己是有些“偏心”的。

所有腺体都很有趣，但在本书中，我将专注于内分泌腺，即产生激素的腺体。在我们深入探讨具体主题之前，有必要先理解内分泌系统以及它与我们身体和思维的关系。

我们每个人的生活都在被激素支配

我们可以将内分泌系统想象成一张电网，这张电网是由一些控制中心（腺体）和将电流（激素）传输到全身各部位的电路构成的。

一经由腺体或细胞产生，激素便立即进入血液循环系统，就如同信使立刻启程向目的地进发一样。当这些激素到达自己的目的地后，它们会与“接收器”相结合，在目标器官或细胞中引发特定的生理反应，从而启动该器官或该细胞的特定功能。

在一天的不同时段和整个生命旅程的不同阶段，激素的分泌会发生显著的变化，这也决定了我们的生物节律，即一系列行为的不断重复（如睡眠周期、消化周期和月经周期)，这些节律决定了人体的运行。

如果说激素在很大程度上影响着我们的生活，那么，反之亦然。

我们日常的饮食、采取的生活方式以及必要时所服用的药物，都会影响我们的腺体产生激素的数量以及质量。

我们与内分泌系统的关系是相互影响的，通过做出明智的选择，我们就可以达到某种平衡，即使出现失衡也能确保我们的生活质量不受影响。

一切都很清楚了，对吗？

事实上，情况比这要复杂一些。

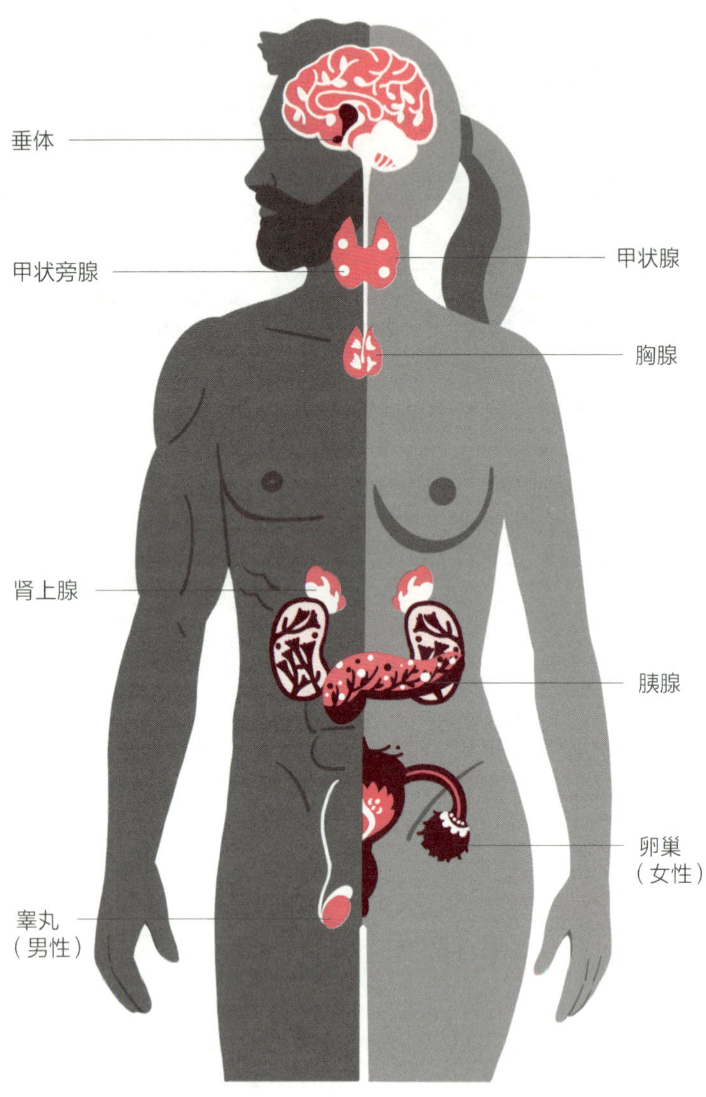

男性与女性主要内分泌腺

内分泌失调会引发心理疾病

内分泌系统并非在单独运作，它与神经系统、免疫系统构成了一个大系统，通过相互影响维持人体的动态平衡。这三大系统协同工作，一起维护人体的健康，预防与抵抗疾病。一旦这种平衡被打破，人体的防御机制便会失效，人就很容易受到病痛的侵袭。

众所周知，仅着眼于生理层面并不能解释一切，我们还需考虑另一个重要因素：心理。自 20 世纪 30 年代起，一个专属名称——**心理神经免疫学**应运而生，至今它仍然被用于描述研究生物系统和大脑活动之间相互作用的学科。

我们在这一领域的早期研究，主要聚焦于大家都十分熟悉的问题——压力。研究发现，无论压力源于生理还是心理，我们的身体都会做出相同的反应，那就是激活我们的内分泌系统，更具体地说，它会刺激肾上腺并使其产生皮质醇，而持续增加的皮质醇会抑制免疫反应。这个联系通过研究和试验得到了验证，它是首个确定脑部活动、压力、激素和免疫功能之间存在生物学关联的发现。我们将在第十章中进一步探讨皮质醇的神奇作用。

心理（情绪状态）、内分泌系统、神经系统和免疫系统之间复杂的相互作用，可以通过**神经性厌食症**来解释。神经性厌食症是一种多因素引发的疾病，患者在进食减少和热量不足的情况下，会发生明显的激素异常。某些激素（如参与排卵和月经调节的激素）的分泌功能可能会暂时紊乱（或分泌量减少），患有神经性厌食症的女性，月经周期可能会不规律，甚至出现闭经。然而，这只是这种复杂疾病的一种外在表现，当她们的心理压力和饮食状况得到改善时，月经周期也会逐渐恢复正常。

这只是一个例子，正如大家即将在本书中读到的那样，为了更好地保持健康，理解生物系统和心理（情绪状态）之间的相互作用是非常重要的。高度专科化无疑很重要，因为我们身体的每个部位都携带着大量信息。只有将身体视为一个有机的整体，结合全面考量与高度专科化，才能实现这两者之间更好的互补。总的来说，全科与专科相结合的方法在现代医学中的应用已日益广泛。

第一章

甲状腺：人体最大的内分泌腺

“甲状腺肿大？可我的脖子看起来很正常啊！医师，请问这是怎么回事？”

甲状腺是人体最大的内分泌器官，掌管着甲状腺激素的生产，也被称为人体的“发动机”。

认识甲状腺

我们的科普之旅将从被誉为“腺体之王”的甲状腺开始。甲状腺是最为公众所熟知的一种内分泌腺，也是成年人最大的内分泌腺。对许多人来说，一提及内分泌科，他们首先想到的就是“那是看甲状腺的地方”，似乎其他的腺体都不存在，或者它们不会出现任何问题。

其实，事实并非如此，接下来的章节我会陆续为大家介绍其他腺体。

近来，人们对甲状腺的关注程度有增无减，甚至成了跨年夜家宴上被津津乐道的话题。在大家眼里，甲状腺“威力巨大”，似乎任何疾病的发生都能和它扯上点儿关系。各种观点、想法、禁忌和治疗方案层出不穷，涉及食品、营养素、药物等方方面面，甚至有人认为甲状腺对度假地点的选择都有影响（或许是考虑到辐射对甲状腺的危害）。

在和患者的沟通过程中，我注意到许多人对甲状腺的一些问题存在误解。在本章中，我将带大家深入了解甲状腺的工作机理，探讨它为何有时会出现形态改变，以及在何种情况下它的肿大会成为我们需要重视的问题。

在第二章中，我们将重点讨论甲状腺功能失调的问题。

第三章则会深入剖析所谓的“甲状腺饮食法”中那些常见且存在争议的食物。

现在，让我们更深入地了解一下这个形似蝴蝶的腺体吧。

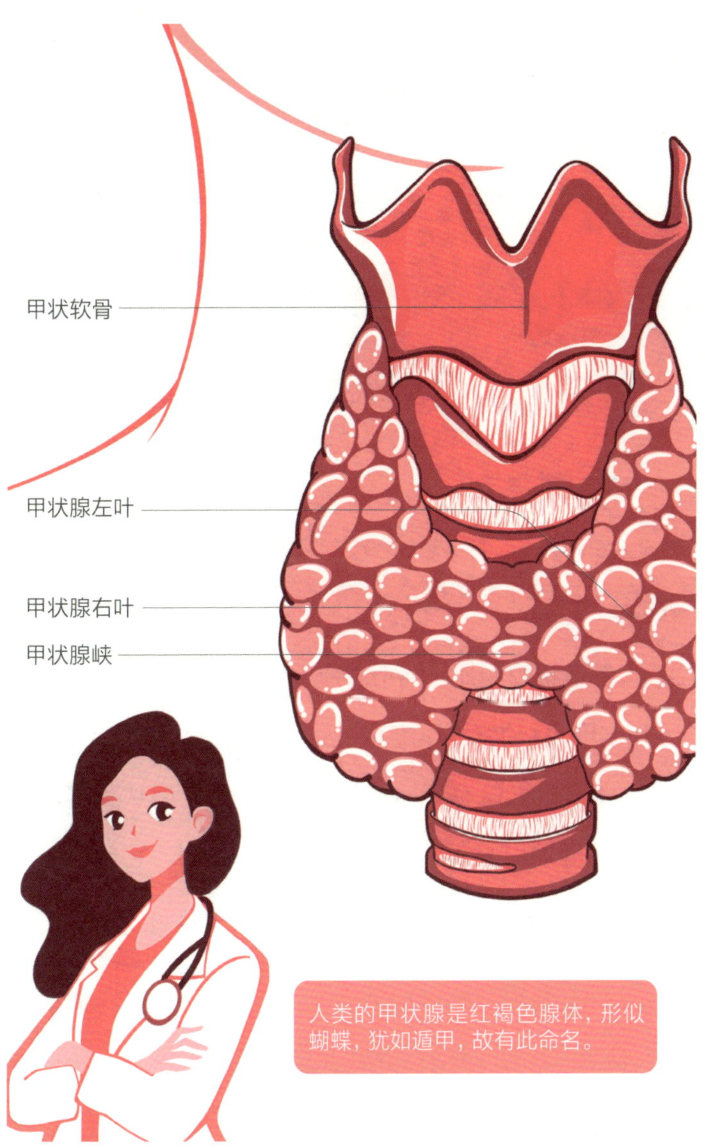

甲状腺示意图

资料库

甲状腺基本资料	
位置	位于颈前部甲状软骨下方，气管两侧
特点	呈"H"形，形似蝴蝶。由左右两叶、峡部（有些人有锥状叶）组成。虽然成人的甲状腺只有 20～30 克，却是人体最大的内分泌腺，维持各器官、组织的正常运转，也被称为"颈部的命门"
功能	分泌甲状腺激素，主要包括产生和释放三碘甲腺原氨酸和甲状腺素，其生理作用具有多效性（可作用于机体不同组织器官）
可能出现的疾病	甲状腺功能异常（激素失调），出现结节或肿大

尽管甲状腺很小，每个叶片大约只有一个小李子那么大，用高度 × 宽度 × 厚度来记录，对应正常值为（45～60）毫米 ×（15～25）毫米 ×（15～20）毫米，但从我们还是母体中的胚胎时算起，一直到各个成长阶段，它分泌的激素都对我们的身体产生着极其重要的影响。

甲状腺素和三碘甲腺原氨酸对于胎儿的神经、肌肉以及骨骼的发育不可或缺，并在儿童的各个成长阶段发挥着非常重要的作用。

甲状腺激素和促甲状腺激素

甲状腺的任务就是分泌两种激素：甲状腺素和三碘甲腺原氨酸。它们在另一种腺体——垂体的刺激下产生，垂体则是通过分泌促甲状腺激素与甲状腺进行信息联通的。

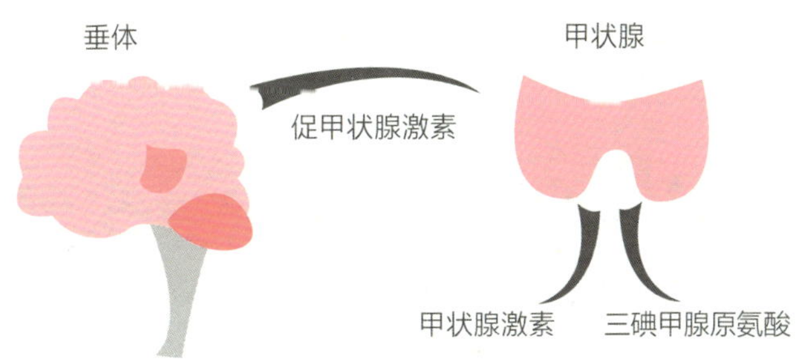

垂体与甲状腺示意图

我们可以将垂体形象地比喻成一个开关，它可以开启或关闭给甲状腺供电的电流。如果垂体运转良好，电流（促甲状腺激素）就会传输到甲状腺并让它正常运转。

当甲状腺功能开始减退，垂体的任务就是增加促甲状腺激素的分泌量，从而促进甲状腺“加强工作”。反之，如果甲状腺自行决定加速工作，垂体就会以减少促甲状腺激素的分泌量来“刹车”。

因此，通过分析血液中的促甲状腺激素、游离三碘甲腺原氨酸和游离甲状腺素的值，我们便可以很好地了解甲状腺的工作状态。

碘：参与合成甲状腺激素

为了让甲状腺正常地产生这两种激素，仅依靠来自垂体的刺激是不够的，还需要一些由“砖块”构建起的支架来帮助这些激素建立结构（合成）。这些“砖块”，就是碘。

甲状腺不仅在成长发育方面发挥着重要作用，而且影响着许多重要的身体机能。

控制我们认知的中枢神经系统

基础代谢（甲状腺激素对胆固醇代谢具有调节作用，可降低血胆固醇水平）

正常的心血管功能

正常的体温

骨骼的健康

不错吧？甲状腺默默奉献着，从不显山露水，甚至可能一辈子都不出现问题，堪称幕后功臣。

但是事情并不一定永远一帆风顺，原因可能是多方面的。接下来我们将逐一介绍其中的原因。

缺碘影响智力和生长发育

碘是人体代谢和生长发育必不可少的微量营养素。碘元素是甲状腺激素合成的必备原料，离开碘，甲状腺就无法产生激素。碘被我们摄入体内后，迅速被胃肠道吸收，再经血液遍布各个组织。血碘被甲状腺摄取后，在甲状腺滤泡上皮细胞内生成甲状腺激素。人体内贮存碘的组织就是甲状腺，如果摄入的碘元素不足，就容易出现甲状腺疾病，如甲状腺肿大和激素失调。

这些问题在任何阶段都有可能发生，但是在妊娠期、哺乳期和儿童时期，碘缺乏的影响更为显著。妊娠期和哺乳期的重度碘缺乏会引发克汀病（又称呆小病），常表现为儿童智力和骨骼发育严重迟缓。但是，正如我们马上要谈到的，即使在成人中，碘缺乏也可能导致甲状腺肿大。

碘之所以会缺乏，很大程度上是因为我们摄入得太少。事实上，我们的日常饮食中并不富含碘。

碘缺乏对不同的人群危害

可能引发**孕妇**流产、胎儿畸形及新生儿发育异常。

易导致**儿童**生长迟缓和智力受损。

成人则以甲状腺肿大和代谢障碍为主。

据统计，全球约有30%的人口面临碘缺乏的问题。世界卫生组织认为，这是全球需要应对的重要公共卫生问题。像欧洲的大多数国家一样，我所在的意大利多年来一直被归类为轻微缺碘国家，南北方的情况有所不同（南部的情况更糟）。因此，意大利政府专门出台了一项旨在改善这一问题的法律（意大利55/2005号法令：预防地方性甲状腺肿大和其他碘缺乏病）。

该法律最有效的措施之一是通过食盐加碘（碘盐）对人们进行碘补充。换句话说，食盐——我们每个人每天都要摄入的东西，已成为解决这个严重公共卫生问题的最佳帮手。这一预防手段，让碘摄入在不知不觉中完成，不需要人们主动采取任何措施。

该法律规定，意大利所有超市、酒吧和餐厅必须提供碘盐，食品加工过程中也必须使用碘盐。如今，意大利在售的食盐中60%以上都是碘盐。经过15年的科普宣传，意大利在2020年终于达到了理想的碘水平！

那么，为了确保我们的甲状腺获得必要的碘元素，我们应该大量摄入碘盐吗？**最好不要。**

过量的盐对健康有害，特别是对心血管健康有害，因为盐会使血压升高。**最好还是少盐，但要含碘。**

如果我们每天的碘盐摄入量在5克左右，就可以在避免对健康产生危害的情况下，摄入足够的碘。

ⓘ 认识误区：

吹海风、吃海鲜会危害甲状腺

许多人认为，海洋可能会对甲状腺产生影响。其逻辑是：海边的空气富含碘，呼吸海边的空气，就会增加碘摄入。那是不是最好不要去海边了？当然不是！实际上，经呼吸道摄入的碘仅占日需量的0.1%以下，普通人吸入海风并不会引发碘过量。有些人之所以会感觉不适，是过度担忧所致，甲状腺疾病患者经常会有此类担忧。摄入过量的碘的确对某些甲状腺疾病患者是不利的，他们的甲状腺可能因此出现功能紊乱。但是对于健康人群来说，吸入多少海风，都不会有什么危害。

有时，这种困扰也会扩展到饮食上，因为海产品含有丰富的碘。当我们在海边度假时，我们是否应该限制海鲜的摄入呢？事实上，这种顾忌大多是没有根据的，因为仅仅通过饮食摄入大量的碘是极其困难的。

真正可能导致甲状腺出现问题的情况是：

- 使用含碘药物，如胺碘酮这样的心脏病救命药。

- 进行含碘造影剂的医学影像检查。

- 长期服用碘补充剂，包括采用所谓的“甲状腺饮食法”中的特殊食疗。

每次在诊所被问到海洋是否会对甲状腺造成负面影响时，我都会设身处地把自己想象成一个生活在海滨城市的患者。

其实，如果您钟爱大海，它只会带来一个重要而且宝贵的好处，**那就是让您心情愉悦。**

你有甲状腺疾病吗

甲状腺相关疾病有很多，最常见的可以分为两类：

甲状腺形状改变，出现结节或大小的明显改变。

甲状腺功能失调，即激素分泌发生异常。

这两类问题基本涵盖了人们向内分泌科医师提出的90%的甲状腺问题。这些甲状腺问题十分普遍，且往往会同时出现在一个人身上，尽管它们之间并没有直接的关联。

还有一些甲状腺感染和肿瘤问题，但相对少见。

本章节将主要讨论结节问题，甲状腺肿大、甲状腺功能亢进症（甲亢）和甲状腺功能减退症（甲减）将在下一章节中探讨。

女性更容易受到各类甲状腺问题的影响，对于女性人群来说，甲状腺结节是一种非常普遍的状况。

有多普遍？在意大利，如果我可以随机对街上遇见的10位45岁以上的女性进行甲状腺超声检查，其中约有7位会查出甲状腺结节。十分之七可不算少，不是吗？

我们习惯认为甲状腺肿大就是指甲状腺体积增大，这的确没错。但对于我们内分泌科医师来说，只要甲状腺内部有结节，即便很小，我们也会称之为“结节性甲状腺肿大”。

实际上，这些女性中许多人可能会对检查结果感到惊讶，因为甲状腺结节通常并不会有明显的症状。同时，这些结节通常都比较小，因此很难引起人们的注意。

那么，导致结节的原因究竟是什么呢？

结构因素：由于其内部呈囊泡状结构，甲状腺本身就是一种结节易发的腺体。

遗传因素：一些人群更容易罹患这类疾病。如果您的家族中有人曾经患有甲状腺疾病，那么就有必要进行深入的检查。

其他原因：缺碘也是一个重要原因。

小贴士：

“网红”盐和普通食盐有什么区别

近年来，各类营养理论风靡全球，其中也涉及食盐。人们往往青睐特殊的盐，喜马拉雅粉盐是目前最受追捧的一种。

喜马拉雅粉盐

很多人认为，这种盐除了包含普通食盐的主要成分氯化钠，还富含其他对健康有益的特殊元素。

但事实并非如此：喜马拉雅粉盐并不会带来更多好处，相反，它可能受到了一些杂质的污染。所幸这些杂质的含量极低，因此也不至于对健康产生多少负面影响。然而，喜马拉雅粉盐一般不含碘，或者碘含量远低于我们的日常所需。若长期用喜马拉雅粉盐代替碘盐，应注意碘的摄入是否充足。

发现甲状腺结节后要做哪些检查

当内分泌科医师发现患者的甲状腺内有结节时，会遵循一套明确的检查流程。

1

血液检查：了解甲状腺功能。如果想辅助诊断甲状腺肿瘤的情况，往往还会查看降钙素的指标。降钙素是一种由甲状腺滤泡旁细胞合成和分泌的多肽激素，可以降低血液中钙的浓度，成人降钙素的正常值小于10皮克/毫升（儿童和妊娠期女性会偏高）。这是一种非常少见的甲状腺肿瘤标志物，可通过这一指标及早诊断。

2

超声检查：评估超声发现的结节大小如何，外观是否异常，看起来是否稳定。

在进行第三个步骤之前，我们可以先喘口气，放松一下心情。当发现自己身体某个部位存在结节时，我们常常会往坏处想。幸运的是，95% 的甲状腺结节都是良性的，所以，不需要过度担忧。尽管如此，对于剩下那 5% 的结节，内分泌科医师也会给予高度重视。

3

穿刺活检：根据超声检查的结果决定是否需要进行穿刺活检，即采用细针抽取细胞进行病理检查。

小贴士：

甲状腺肿大，也许肉眼不可见

当我们翻看老照片，尤其是一些山区女性的照片，或在互联网上搜索甲状腺肿大的图片时，可能会有些误会。

首先引起我们注意的，通常是变粗的颈部，肿大的甲状腺肉眼可见。然而，如今我们不需要等到甲状腺增大至这种程度才能诊断出结节。

这主要得益于超声检查的普及，它是一种无风险的检查方式，能够清晰查看颈部内部并能发现极小的结节，这些结节仅通过医师的面诊和触诊可能会被遗漏。

目前，通过超声检查发现的结节，已经占据了临床诊断中的大部分。

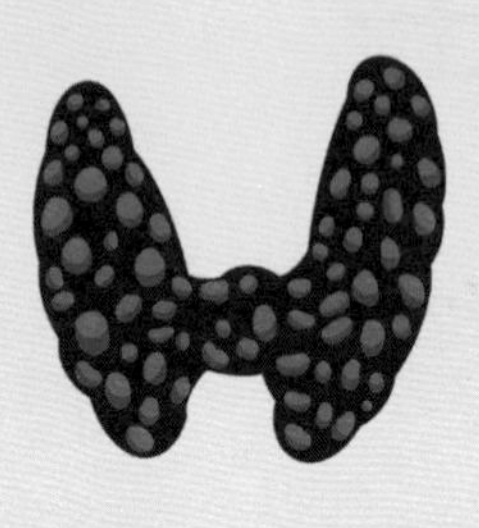

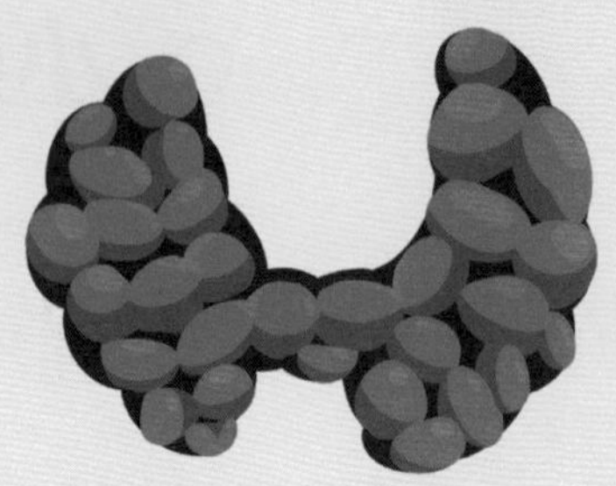

正常甲状腺与甲状腺肿大示意图

还有一种检查方式是穿刺活检，它并不仅仅是针对那些引起我们怀疑的结节而做的，为了患者的安全，该检查也适用于一些表面看似稳定的结节。例如，如果一个结节在超声检查中看起来形态规则，那么我们通常会在其体积偏大时进行活检；反之，当一个结节看似可疑时，即使体积很小，我们也会建议患者进行穿刺活检。

如果经穿刺活检确认为恶性甲状腺结节，则需要通过手术切除。

大多数情况下，穿刺活检确认是良性的结节，当结节很小且没有对患者造成不适时，可以定期进行超声检查。初始阶段每年1次，然后根据医师的评估，可以延长检查间隔。

对于良性、体积较大且造成局部不适的结节患者，可以采取多种措施进行介入治疗。除了典型的“外观不佳”（即颈部肿胀），甲状腺结节还可能影响吞咽，压迫气管或使其移位，从而导致干咳。这些感觉通常被描述为“喉咙里有东西”。

很遗憾，**目前不存在可以缩小结节的特效药物**，因此通常只有两种治疗方案，每种方案都有利弊，需要和内分泌科医师共同商讨：

1 手术切除局部或全部甲状腺。

2 保守疗法，例如使用射频或激光“燃烧”结节并缩小体积（在这种情况下，结节虽未被切除，但可以缩小到不再给患者造成不适）。

此外，还有一种结节可能让甲状腺功能发生改变，打个比方来说，就是让我们的甲状腺“发疯”。这个问题会在接下来的章节中探讨。

小贴士:

甲状腺结节不一定会影响甲状腺的功能

当患者被诊断出甲状腺结节后，最常见的反应是:“怎么可能？我的血液检查结果显示甲状腺功能一直正常啊!”事实上，如果甲状腺有结节，无论是单个还是多个，都不一定会影响腺体的功能。

即使甲状腺内部存在多个结节，它也能够不受干扰地产生甲状腺激素。

因此，血液检查结果虽然不能直接显示甲状腺是否存在结节，但可以诊断出甲状腺功能是否紊乱。如果我们想全面了解甲状腺的健康状况，超声检查必不可少，这是我们发现结节的最简单的方法。

! 认识误区：

甲状腺穿刺活检很痛

穿刺活检，也称作穿刺细胞学检查，这个名词常常让人闻之色变。一想到要用一根长针扎在喉咙上的情景，就会让人感到恐慌和不安。

我完全理解这种担忧。但实际上，甲状腺穿刺活检属于一种微创检查方法。这种操作通常只会持续很短的时间，一般不超过 1 分钟。目前临床医师大多使用的是非常细的针，比抽血时所用的针更细。在局部麻醉的情况下，虽然可能会带来一些不适感，但引起剧烈疼痛的状况其实非常少见。

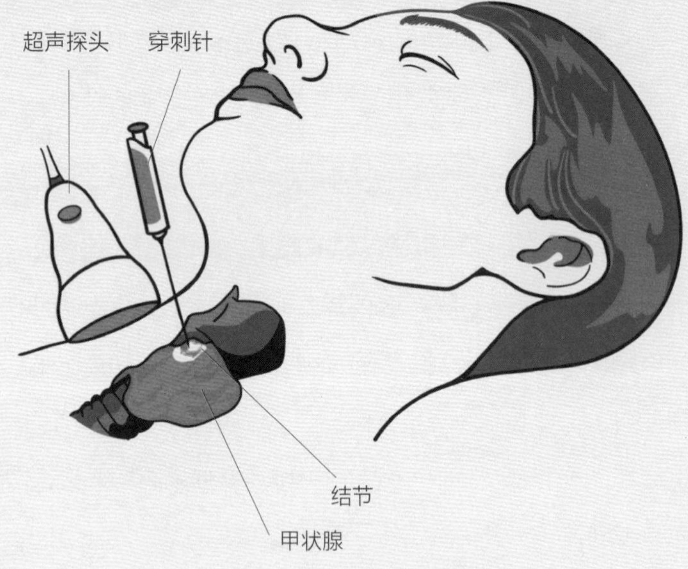

甲状腺穿刺活检示意图

第二章

甲状腺疾病多与免疫系统有关

“医师，我患有甲减，怎么才能减肥？在饮食上有什么特殊的注意事项吗？”

甲状腺是人体非常重要的内分泌器官，工作压力大、加班频繁、经常熬夜、免疫力低下以及其他不良的生活习惯都有可能引起甲状腺激素分泌异常。

“敌我不分”的免疫系统

当我们频繁听到有关甲亢和甲减的话题时，可能许多人并不清楚，其实还有一个专有名词用于描述正常分泌激素的甲状腺，那就是“甲状腺功能正常”。

甲状腺功能正常，我们可以理解为甲状腺的工作节奏恰到好处，既不会超速运转，也不会偷懒懈怠。这是一个你可能不熟悉的名词，但如果你有任何类型的甲状腺疾病，这将是一个非常重要的概念。因为恢复“正常”就是你的目标！

尽管大多数人的甲状腺功能是正常的，但甲状腺功能紊乱也并非个别现象。甲状腺功能出现紊乱的原因有很多，其中最常见的是自身免疫性疾病。在这种情况下，免疫系统与我们作对，导致“腺体之王”甲状腺的功能失调，从而可能严重影响我们的健康。

免疫系统对我们的生存至关重要。作为一种生物系统，它能够帮助我们抵抗感染，抵御病毒、细菌和其他外来病原体的入侵。在战斗过程中，免疫系统会在战场上启动多种机制，如释放抗体。我们可以把抗体看作是针对敌方病原体的箭矢。

然而，就像真正的箭矢一样，有时它们可能会搞错目标，导致原本应该得到保护的部位受到友军的误伤。

自身免疫性疾病就是如此，即免疫系统敌友不分，用抗体作为“箭矢”攻击自身的某些器官或组织。

临床常见的自身免疫性疾病包括类风湿性关节炎、系统性红斑狼疮、强直性脊柱炎、桥本甲状腺炎等。这类疾病多数伴随慢性炎症反应，部分病例进展迅猛且症状明显，也有些会呈隐匿性发展，可能在数年甚至数十年间悄然损害机体。

自身免疫性甲状腺疾病如何诊断

自身免疫性甲状腺疾病的诊断主要依靠以下检查。

- **检查血液中的相关抗体：**甲状腺球蛋白抗体、甲状腺过氧化物酶抗体，可用于诊断桥本甲状腺炎；促甲状腺激素受体抗体，可用于诊断格雷夫斯病（毒性弥漫性甲状腺肿）。

- **甲状腺超声检查：**观察甲状腺是否存在因抗体（免疫系统的“箭矢”）攻击所致的组织损害。桥本甲状腺炎患者的甲状腺结构看起来像一块遍布孔洞的瑞士奶酪，质地不均匀，这是被炎症反应破坏后组织纤维化所致。格雷夫斯病则会使甲状腺中出现片状或类结节样结构。

这两项检查都非常重要，因为确实存在抗体阴性的自身免疫性甲状腺疾病，尽管较少见，但是这种情况无法仅仅通过血液检查来诊断。原因非常简单：**我们在实验室检**

测到的这几种抗体是引起甲状腺炎最常见的抗体，也是我们目前能检测到的物质。 然而，甲状腺自身免疫性疾病也可能是由其他我们无法在血液中检测到的抗体引起的。因此，用超声“观察”甲状腺非常重要。

最常见的自身免疫性甲状腺疾病是桥本甲状腺炎和格雷夫斯病。它们是两种机制截然相反的病症：桥本甲状腺炎倾向（**请注意此处用的是“倾向”一词**）于导致甲减，而格雷夫斯病则倾向于导致相反的问题——甲亢。

为什么我在这里要强调“倾向”一词？因为来我诊所问诊的患者并不十分明白这一点。多年来不断做各种检查，却越来越困惑的患者屡见不鲜，有时是因为医师给出的信息过于绝对，有时是因为解释得不够清楚。

尽管以简单易懂的方式向患者解释医学原理，是医师的职责所在，我会尽可能地耐心给患者做解答，但患者通常因担心提太多问题会惹医师不悦而不敢发问。

让我们回到最关键的问题：**自身免疫紊乱可能导致甲状腺功能失调，但这并不是一个自动机制。**体内产生对抗甲状腺的抗体，并不一定意味着腺体出现了问题。在很多情况下，即使甲状腺受到了自身免疫系统的攻击，它也能够很好地保护自己，并能维持正常工作，有时甚至能维持一生。

换句话说，自身免疫性甲状腺炎基本上是无症状的。即使存在自身免疫异常，甲状腺仍然可以正常分泌甲状腺激素。

诊断出自身免疫性甲状腺炎以后，首先要做的是评估甲状腺激素的生产情况。为此需要进行促甲状腺激素、游离三碘甲腺原氨酸、游离甲状腺素的检查。

如果甲状腺功能正常，我们只需定期监测即可：**通常每年1次就足够了。**

如果自身免疫问题正在影响甲状腺激素的分泌，我们将面临甲减或甲亢的问题。

桥本甲状腺炎：甲状腺被持续围攻

桥本甲状腺炎是自身免疫性甲状腺炎中最常见的一种，它被定义为慢性淋巴细胞性甲状腺炎，多见于30～50岁的女性，起病比较隐匿，发展缓慢，病程长。

此病中的甲状腺犹如正面临一场围攻战，让我们用“箭矢”的比喻来解释这种情况。正常情况下，甲状腺会按部就班地运转，分泌适量的激素。然而，当甲状腺球蛋白抗体、甲状腺过氧化物酶抗体这两项指标升高时，它们就如同士兵围攻城堡，试图损害甲状腺。

大部分时间里，甲状腺都能够无视这些“攻击”继续运转，直到某个时间点（可能是几十年后），才会开始感到疲惫。

很难确定免疫系统开始攻击甲状腺的时间，因为通常自身免疫性疾病在早期没有明显症状，抗体往往在成年后的特定检查中才能被检测出来。

桥本甲状腺炎的发生可能与遗传因素、环境诱因（感染、压力或辐射暴露）相关，也可能是这两者的共同作用。当甲状腺第一次出现崩溃迹象时，甲减会一步步显露出来，它是一个渐进的过程，起初为症状非常轻微的“亚甲减”，然而，随着时间的推移，会发展为甲状腺激素的严重缺乏。

实际上，并非所有的桥本甲状腺炎都一定会发展为甲减，具体还得看各个患者的病情，有的患者可能一直处在甲状腺功能正常期。

ⓘ 认识误区：

抗体水平升高意味着病情加重

我们可能会出于各种原因进行甲状腺功能检查，也许是因为家庭成员中有人患有甲状腺疾病，或者是单位组织体检，或者是身体出现了一些症状需要进一步诊断。如果出现持续异常疲劳、注意力集中困难或无缘无故的水肿，检查甲状腺是很有必要的。

假如检查结果显示甲状腺激素水平正常，但抗体水平升高，大概率是甲状腺功能正常的桥本甲状腺炎，而不是人们担心的甲状腺功能减退症。看到明显增高的抗体水平，人们很容易担忧，甚至可能盲目地将症状归因于自身免疫性问题。但在这种情况下，血液检查中的异常并不能算作致病原因，理由如下：

1

甲状腺正常工作，不存在激素缺乏。

2

被发现的抗体或许并非突然产生，它们可能已经存在了几年，甚至几十年，我们之所以不知道它们的存在，是因为它们本身没有引起任何症状。

因此，在这种情况下，我们需要在医师的指导下定期复查甲状腺功能，或是考虑从其他方面寻找病症的根源。

甲减：50 岁以上女性多发

桥本甲状腺炎是导致甲减最常见的原因，但并不是唯一的原因，其他原因包括甲状腺切除手术或一些根治甲亢的治疗方法。关于甲亢，我们将在后面进行介绍。

甲减是一种常见的内分泌疾病。根据报道，目前甲减的患病率为 3.1%～10%，而且这一数据还存在被低估的可能性。甲减通常由甲状腺慢性损伤（如长期压力等因素所致）引起，而随着年龄增长，甲状腺更易出现问题。

甲减问题在 50 岁以上的人群中，特别是女性人群中，更为普遍。正如我之前所说，女性更容易罹患甲状腺疾病以及自身免疫性疾病（据我估算，每 5 位女性中便有 1 位患有自身免疫性疾病）。

那么，甲减的症状有哪些呢？

我喜欢用驾驶一辆拉着手刹的汽车来作类比：虽然我们仍然可以照常生活，但会感到更为吃力。

继续以汽车为例，当甲减时，基本上可以看作是汽车燃料不足的状态。因为甲状腺“疲惫”，生成的激素减少，导致代谢效率降低，身体、神经和肌肉的功能也会随之下降。

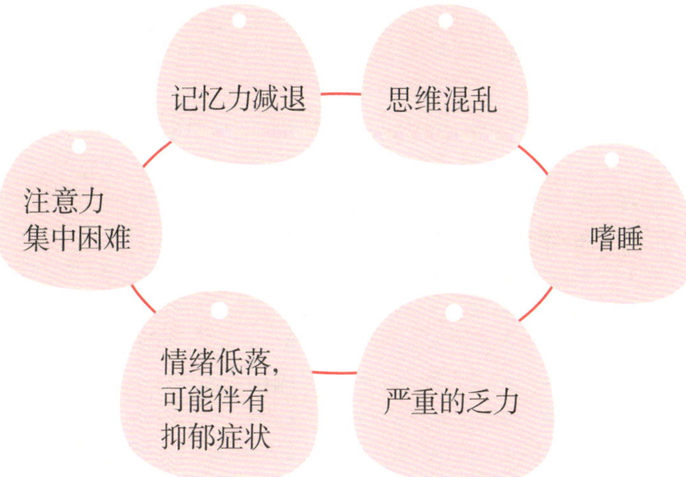

其中，严重的乏力十分常见，这可能是由于心理因素（如压力、焦虑）或睡眠不足，也可能是由于直接的肌肉损伤。从心血管角度看，当机体出现乏力时，可能伴随心率过缓等表现。

当然，还有代谢的变化。

我希望你们能认真阅读以下内容，因为我知道很多人坚信甲减会导致体重增加。然而，真相究竟如何呢？

诊断甲减的血液检查

当甲状腺开始出现某些“衰退”迹象时，首先受到影响的是促甲状腺激素水平，其数值通常会升高。甲状腺的功能越弱，促甲状腺激素升高越多。

随着甲状腺变得越来越“懈怠”，甲状腺功能减退的表现也越发明显，还会伴随游离三碘甲腺原氨酸和游离甲状腺素水平降低。

总之，我们可以根据以下 2 个方面来评估甲减的严重程度：

- 促甲状腺激素升高的程度。
- 游离三碘甲腺原氨酸和游离甲状腺素降低的程度。

在轻度甲减的情况下，促甲状腺激素只是轻微升高，游离三碘甲腺原氨酸和游离甲状腺素则保持在正常范围，这种情况下患者是否需要治疗需由专业医师来决定，千万不要道听途说、胡乱用药或抵触用药。

如何治疗甲减

关于如何治疗甲减，我有一个好消息和一个坏消息。

坏消息

我们先从坏消息开始：甲减是一种慢性病。无论是因为慢性自身免疫性甲状腺炎，还是因为甲状腺切除手术，其病因均无法逆转，患者需终身接受治疗。

好消息

好消息是我们有非常有效的药物可供患者选择，即口服的左甲状腺素钠片（优甲乐）。通过服用该药，我们可以进行替代疗法，即替代甲状腺完成工作（这就是为什么被称为“替代疗法”）。只要不过量服用，它一般不会产生副作用，每天只需服用 1 次，经济实惠。

适量补充甲状腺激素，能够保证患者像甲状腺功能正常的人一样享受高质量的生活。

总之，甲减虽然无法痊愈，但可以通过药物治疗得到很好的控制。

ⓘ 认识误区：

甲减会导致肥胖

甲减会导致肥胖这个观点可能是最为广泛流传的医学谣言之一。

如果甲减没有得到适当的治疗，可能会导致轻度的水肿，主要发生在面部（特别是眼周）以及下肢。

如果甲减症状特别明显，身体可能会积累水分，导致体重增加，通常不超过 4 千克。我想强调一下，增加的重量来自液体，并非脂肪。

这个结论是基于大量的科学研究和检测数据得出的。让我们用一个更简单的方式来解释这个问题，使用左甲状腺素治疗甲减时，患者并不是在减肥，只是排出体内积累的多余水分而已。

因此，甲减会使代谢减缓，不利于水分和钠盐从体内排出，使得体重减轻困难，并可能引起轻度水肿，但它不是导致脂肪堆积的元凶。

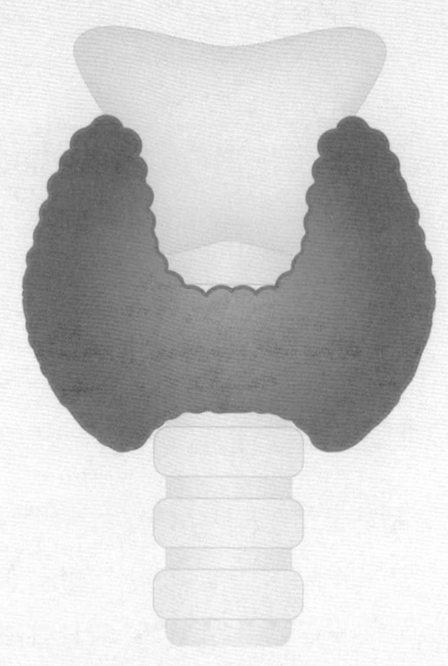

甲亢：病因不同，症状也不同

甲状腺有自己的工作节奏，不能太慢，也不能太快，过快会导致过量的甲状腺激素进入血液，造成机体代谢亢进和交感神经兴奋，引起甲亢。它的表现与甲减相反。

为什么甲状腺会病态地合成与分泌过量甲状腺激素？通常有以下 2 个原因。

1

患有甲状腺结节：甲状腺结节存在一段时间后，有功能的结节会选择自力更生，并分泌比预期更多的激素；如果甲状腺中只有一个高功能结节，被称为“毒性结节性甲状腺肿”；如果是多个有自主功能的结节，可称为“毒性多结节性甲状腺肿”。

2

患有格雷夫斯病：这是一种自身免疫功能紊乱性疾病。即促甲状腺激素受体抗体异常产生，导致甲状腺持续超负荷地工作。这种疾病是目前甲亢最主要的病因。

甲亢的症状是什么？与甲减的症状相反，身体的代谢、神经、肌肉功能都会加速运转。

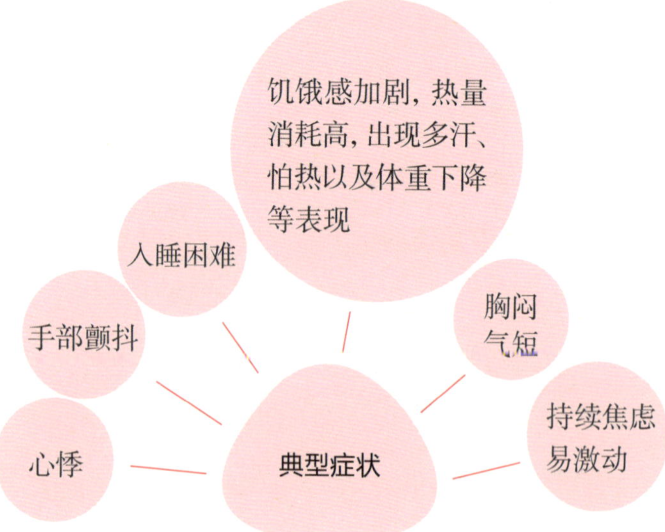

虽然没有证据表明甲减会导致体重增加，但甲亢确实会导致体重下降，甚至是相当明显地下降，不管你的饮食摄入量有多少。

不同原因所致的甲亢，其症状也有所不同吗?

从某种角度讲，是的。格雷夫斯病通常会引发较为严重的甲亢，症状明显且起病较急。而毒性结节性甲状腺肿和毒性多结节性甲状腺肿通常症状较轻，起病更为缓和。

格雷夫斯病是唯一可能与眼病相关的甲亢类型，眼科界专家学者将与格雷夫斯甲亢有关的眼病称为**“格雷夫斯病眼病”**，表现为眼球凸起、眼部发红、眼睑挛缩，呈现出典型的惊恐目光。

若该病处于中至重度活动期，即症状十分严重，可能需要大剂量、长疗程地使用糖皮质激素来治疗。

治疗甲亢的方法

甲亢可以通过药物治疗得到改善，这类药物包括甲巯咪唑和丙硫氧嘧啶等。它们主要的作用是抑制体内过量甲状腺激素的合成，从而帮助患者的甲状腺激素水平恢复至正常范围。

我们再次使用汽车来比喻，这种治疗就像在一辆时速 200 千米的汽车上踩刹车。只要踩着刹车，汽车就会降速；一旦松开刹车，汽车又会超速行驶。

在某些情况下，经过适当的治疗，甲状腺会回到正常的生理节奏，即功能恢复正常，因此可以逐步减少用药，直至停止。然而，如果这种方法行不通，就需要采取更为“彻底”的措施：通过手术切除部分或全部甲状腺或是采用放射性碘治疗的方法，即给予适量放射性核素碘 –131，从甲状腺内部破坏其功能。

我们知道，甲状腺是人体内唯一具有摄碘功能的器官，然而，当甲状腺吸收了放射性碘时，它会受到损伤，其损伤程度和进度与剂量有关，剂量越大奏效越快，缓解率越高，但也可能造成甲减。因此，我们需要采用适量的放射性核素碘–131来治疗。

总而言之，对比两种甲状腺功能紊乱（甲亢与甲减），我们会发现，甲亢要比甲减更为棘手，对患者而言也更具挑战。

诊断甲亢的血液检查

无论是格雷夫斯病引起的甲亢，还是毒性结节性甲状腺肿引起的甲亢，其激素水平和症状都是相似的。

血液检查都会显示促甲状腺激素的值非常低，促甲状腺激素和游离甲状腺素的值偏高。唯一的区别在于如果游离三碘甲腺原氨酸的值偏高，就是说该患者的甲亢为自身免疫性疾病引起的。

在这种情况下，症状的严重程度与激素功能失调的程度密切相关。检查结果也反映出这种状况：随着血清总三碘甲腺原氨酸和血清总甲状腺素的升高，甲亢症状会更为明显。

小贴士：

如何服用甲状腺激素

为了保证甲状腺激素的正确吸收，必须在空腹（胃里没有食物）时服用。因此，清晨吃早餐之前是最适合的服用时间。

对于服用片剂形式的左甲状腺素钠片（优甲乐），最佳时间是在早餐前至少 60 分钟；而液体剂型或胶囊剂型的甲状腺素，与早餐的间隔时间可以缩短到 15 分钟。

服用甲状腺激素时，务必与其他药物和可能干扰其吸收的食物（比如豆制品、高膳食纤维食物、含钙或铁的补充剂等）分开。

我还要补充一点：各种甲状腺激素制剂均具有相同的疗效，可以放心选择最适合自己的剂型。若无法做到晨起空腹服用，睡前服用也可以，具体请遵医嘱。

第三章

甲状腺饮食真假黑名单

“医师，自从确诊甲状腺疾病后，买菜对我来说真是一场噩梦！我需要避开很多食材，就在我决定开始吃素的时候，却发现连大豆也不能吃了。”

近年来，随着大家对健康体检的重视，甲状腺疾病的检出率越来越高。甲状腺疾病患者应当首先了解自身的甲状腺疾病类型和当前所处的病情阶段，避免陷入认知误区，合理制订饮食计划。

甲状腺疾病患者需要忌口吗

在任何一个搜索引擎中输入“饮食”和“甲状腺”两个关键词，都会搜到成百上千篇文章，这些文章都会强调需要避免某些食物，或推荐某些特殊的食物组合，声称这些神奇的配方能够重新激活“腺体之王”——甲状腺。

最受追捧的无疑是“忌口”之说，各色黑名单将被认为对甲状腺有害的食物逐一列出。相关说法声称，无论是患有甲状腺疾病的人，还是甲状腺正常的人，都应该尽量避免食用这些食物。

海量的信息本就让人无所适从，加上一些健康专家对“忌口”观念的支持，使许多人的生活变得更加复杂。在医疗卫生领域，尤其是涉及膳食时，我们很容易被流行观念左右。

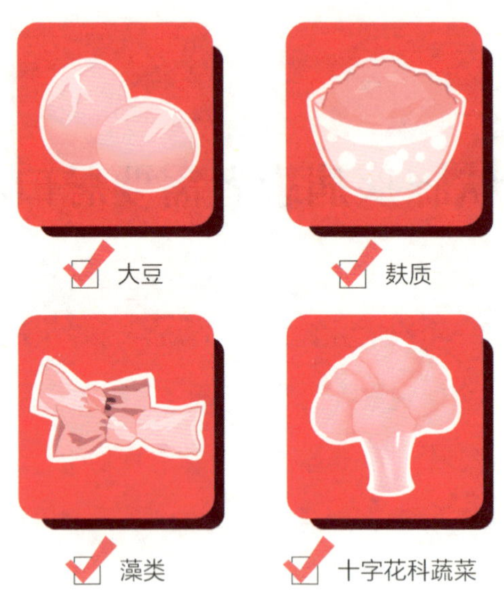

屡屡登上甲状腺“黑名单”的食物示意图

日常饮食会在很大程度上影响甲状腺的状态。在甲状腺疾病的不同发展阶段，对食物的摄入也有不同的要求，请严格遵循医嘱，不要盲目忌口。

到底能否为这些食物正名？我们将在这一章中一探究竟。

大豆

“倒霉”的大豆也许是各种养生谣言中最常出现的食物。

患有甲状腺疾病的人经常主动远离所有与大豆相关的食物，如豆腐、腐竹以及相关饮品。

似乎只要远离这种产自东方的小豆子，世界上所有的疾病都会自动远离。

谣言：甲状腺结节患者不能吃大豆

对大豆及其制品的指控主要基于以下 2 个依据：

- **含有异黄酮。**据说这一化合物会阻止甲状腺激素的生成，从而导致甲减，或者如果已经患有甲减，会使病症加重。

● **干扰药物吸收。**大豆会干扰为治疗甲减所服用的甲状腺激素的吸收，可能会让优甲乐的效果大打折扣。

真相是什么

真相

对于大豆的指控已流传颇广，以至于引发了一些临床研究以辨别其真伪。幸运的是，研究结果显示，大豆对甲状腺功能的影响非常小，小到让人怀疑这种影响是否真的存在（特别是在碘摄入充足的情况下）。另外，同样是大豆中的异黄酮，如果用在其他疾病的治疗中，还能有不错的效果，如缓解更年期症状。

那么，“大豆会干扰甲状腺激素的吸收”一说是否成立呢？在服用每日常规治疗药片之前饮用豆奶是否会影响药效？

答案：**是的，会影响，但这个问题还需要进一步解释说明。**我之前已经提到，优甲乐应在早餐前服用。这是因为食物可能会干扰肠道对药物的吸收，如果先进食，可能会导致药物活性成分吸收减少，从而影响治疗效果。

一些研究分析了不同类别的食物（如咖啡、牛奶、大豆及其制品、水果、果汁、谷物和膳食纤维），发现它们对药物吸收的影响基本相同。总之，**不能让大豆“背黑锅”。**

我的实用建议

建议

如果需要服用优甲乐等甲状腺激素类药物来治疗甲减，那么，**服药后需等待 1 小时才能喝豆奶类饮品；如果是水，间隔时间可缩短为 15 分钟。**

这一点对于其他食物同样适用。

在一天中的其他时间可以随意食用大豆，但需要保持膳食的多样化，尽可能增加食物的种类。

- 服药后需要隔 1 个小时再喝豆奶，若是喝水，只需间隔 15 分钟。
- 其他时段可正常食用豆制品。
- 饮食多样化，单一食物不要摄入过量。

麸质

近年来，人们对麸质的关注程度颇高，在媒体制造的食物恐慌中，唯一能与大豆相提并论的便是麸质了。

麸质是我们饮食中非常常见的一种蛋白质，主要来源于小麦、大麦和黑麦。的确存在一些关于麸质对健康不利的说法，其中一部分有一定的科学依据，另一部分则夸大其词了。

谣言：麸质会引发肠道炎症

谣言

“功能医学”在过去10年中逐渐兴起，这一医学分支旨在将我们的健康状况和许多疾病通过一些共同因素联系起来，并重点关注生活方式、饮食和肠道菌群的状态。

根据功能医学的观点，身体的大部分炎症性和自身免疫性疾病都可归因于肠道健康状况。换句话说，肠道的慢性炎症可能是多种免疫问题的诱因。

人们经常提到“肠漏症”（这是一个非正式医学术语），是指不正确的生活方式、不平衡的饮食导致肠道发炎或者“泄漏”，使肠道无法再为我们的身体提供屏障，毒素等致病因子就会进入我们的身体，从而引发自身免疫性反应。麸质，被认为是引发肠漏症的主要风险因素之一。

真相是什么

真相

功能医学是一个极其引人入胜的领域，该领域或许会在未来引领人类做出新的重大发现。

然而，目前为它提供支持的科学依据相对较少，其理论更接近哲学而非科学。

在科学领域，肠漏症常被视为对复杂疾病机制的极端简化表述。若将其仅归因于肠道通透性升高的直接后果，无疑是对疾病病理的过度简化。

麸质，是一种谷物中的蛋白质，常见于小麦制品以及可能含有小麦粉的调味品中。

确实，有一类人群必须严格地限制麸质的摄入，这对他们的健康至关重要，具体来说，**就是那些乳糜泻患者。**乳糜泻是一种由摄入麸质引发的肠道自身免疫性疾病，会导致肠道通透性改变和肠黏膜严重损伤。

还存在一种非乳糜泻性的麸质超敏反应，患者有时有肠道症状，有时没有，通过去除饮食中的麸质就可以缓解相关症状。

那么甲状腺与麸质有何关系？

自身免疫性甲状腺炎的患者中，可能有一部分也患有乳糜泻，原因很简单：**两种都是自身免疫性疾病。**

很遗憾，基于免疫问题的疾病很可能相互关联。所以，对于部分人来说，**摄入麸质的确有害，但这与甲状腺无关。**

我们是如何得知这一点的呢？是通过一系列研究得出的。在这些研究中，研究者对同时患有乳糜泻和桥本甲状腺炎的受试者进行了追踪调查。在受试者的饮食去除麸质之前和之后，他们分别对其甲状腺状况进行了监测。单从甲状腺的状况来看，没有任何改善。

总之，无论对于乳糜泻患者还是其他人而言，麸质不会引起甲状腺炎症。

我的实用建议

如果您未患有乳糜泻或对麸质并不过敏，请不必害怕摄入麸质。日常生活中采取“无麸质饮食”其实会给我们的生活带来很大的不便，其中的麻烦只有那些患有相关疾病的患者才能深刻体会到。

藻类

食用海藻在亚洲国家已有几个世纪的历史了，但近年来，欧洲国家也开始逐渐接受这一食材。可以说，现在我们的饮食中经常能见到海苔、紫菜和海带等藻类食物。

在东方文化中，海藻因其能够吸收来自海洋的微量元素而被认为具有药用价值。然而，对于患有甲状腺疾病的人来说，他们可能会觉得这种食物存在一些潜在危险，因此会产生一些疑问，例如："我是否应该戒掉海苔制品?"

尽管饮食禁忌并非什么大麻烦，但是除非绝对必要，我们内分泌科医师还是希望，能帮助人们在日常生活中尽可能减少类似的限制。

谣言

谣言：海藻摄入过多会“中毒”

不推荐食用海藻的主要原因：它富含从海水中吸收的碘。虽然碘对甲状腺有益，但是摄入过多可能会“中毒”，即导致甲状腺功能异常。

真相

真相是什么

所以，是不是最好避免吃海藻呢？

这个问题的答案是：**主要取决于你摄入的量。**

的确，海藻中含有大量的碘，但如果你在日常饮食中食用得并不多，其实并不会轻易因碘摄入过量而引发不良反应。在东方饮食文化中，通常会使用适量的藻类作为配菜，比如紫菜蛋花汤，这种量级是完全安全的。

但是，有一件事需要注意！借助海藻的药用功效，市场上出现了许多海藻为基础的营养补充剂（如螺旋藻），这些产品承诺可以“促进人体代谢”。

虽然通过食用海藻导致碘摄入超量的可能性极低，但服用补充剂的风险就比较高了。在对许多甲状腺疾病患者进行病史整理时，我常常发现他们在几周或几个月前开始服用含海藻类补充剂来帮助减重。这种减肥方式可能会损害甲状腺。

我的实用建议

总的来说，我们的基本原则是坚持平衡、健康且多样化的饮食方式，在这样的前提下，我们不必刻意避开海藻。

但我们要小心补充剂，即使它们号称是“天然”的，也并非完全无害。

十字花科蔬菜

黑名单上最后一类食物是十字花科蔬菜。哪些是十字花科蔬菜呢？这类蔬菜中最多的是芸薹属，包括其下所有蔬菜及其变种，如西蓝花、抱子甘蓝、紫甘蓝、花椰菜、白菜、卷心菜等。

十字花科蔬菜种类繁多，经常出现在我们餐桌上的品种如下表所示：

类别	蔬菜品种
白菜类	小白菜、大白菜、紫菜薹（红菜薹）
甘蓝类	西蓝花、抱子甘蓝、羽衣甘蓝、花椰菜
芥菜类	抱子芥（儿菜）、芥菜疙瘩（大头菜）
萝卜类	青萝卜、白萝卜、红心萝卜
水生蔬菜类	豆瓣菜
白菜的变种	油菜、乌塌菜

谣言：十字花科蔬菜会导致甲状腺

谣言

这些蔬菜之所以常被污名化，是因为它们含有一种名为硫代葡萄糖苷（一种葡萄糖衍生物的总称，简称“硫苷”）的物质，这种物质似乎会干扰甲状腺激素的产生，尤其是它会抑制甲状腺摄取碘，使甲状腺缺乏产生激素所需的基本元素。

因此，互联网上涌现出很多“如何食用十字花科蔬菜”的建议：尽量避免食用十字花科蔬菜，避免过量和长期食用。这些说法非常模糊。什么数量才算过量？“长期食用”是什么意思？具体来说，我们能吃多少这类蔬菜呢？

真相是什么

真相

关于“硫代葡萄糖苷会干扰甲状腺”的观点，源于20世纪90年代初的一些研究，这些研究主要是在动物身上进行的，而不是在人类身上进行的。

基于这些研究结果，人们开始流行忌食十字花科蔬菜，因为他们认为如果不能确定这些蔬菜是否无害，出于安全考虑，还是选择其他食物为好。其实，这里存在一个根本性的错误。事实上，**十字花科蔬菜对我们有益无害**，这类蔬菜富含膳食纤维和其他对我们健康有益的物质，因此武断地从饮食中去除它们并不是明智之举。

我们经过详尽的临床研究发现，每天摄入十字花科蔬菜并不会对甲状腺功能产生影响，也不会诱发自身免疫性甲状腺炎。每份十字花科蔬菜（约 100 克）中硫苷转化为硫氰酸盐的比例有限，正常代谢即可分解。

此外，如果您还有所疑虑，可以通过烹饪或发酵的方式安心食用。这样一来，十字花科蔬菜的硫氰酸盐含量会大量减少，不会对甲状腺产生影响。

我的实用建议

十字花科蔬菜是极好的食物选择（只要符合你的口味）。考虑到它们对健康的众多积极影响，我们应在保持饮食多样化和均衡的前提下，不要从日常饮食中去除它们，但是不要过量摄入。

我们可以选择生食这类蔬菜，但不要超过推荐的摄入量。如果你对生食有顾虑，也可以将它们煮熟或发酵后食用，这样你就可以安心地每天享用它们。

最后，如果你仍然怀疑经过烹饪的抱子甘蓝会影响甲状腺吸收碘，一个两全其美的方法就在手边：**撒上一小撮碘盐。**

十字花科蔬菜对甲状腺造成伤害的极端案例

案例

为了控制糖尿病，一位 88 岁的老太太每天生吃约 1.5 千克白菜。这导致她体内累积了大量的硫氰酸盐，甲状腺功能逐渐受损。最后，她的甲状腺完全丧失了正常功能，她也因体内代谢严重紊乱而陷入昏迷。

当然，这是一个极端案例，过量且长期食用这类蔬菜本就不可取，更不要说还是生食。然而，仔细想想，任何食物如果被大量长期食用（连续食用 1 个月以上，每天至少食用 1 千克），都可能对人体造成伤害。

第四章

卵巢、雌激素和月经周期

“医师，我每次来例假都如同经历一场噩梦。大家都说这很正常，但我太难受了。”

卵巢是女性重要的内分泌器官，参与女性生长、发育、生殖、衰老的每一个过程。卵巢的功能主要包括生殖功能和内分泌功能。在卵巢所分泌激素的影响下，子宫内膜会发生周期性的变化，从而维持正常的月经周期。

认识卵巢

在内分泌科医师眼中，月经周期似乎是件极其普通的事情。当女性的身体处于健康状态时，月经会每个月准时到来，一切顺理成章。

从大学时期开始，我就开始关注与雌激素、卵巢和月经周期相关的各类问题，且花费了大量时间去理解每隔大约（“大约”这个词很关键，在后面章节会做更详细的阐述）28 天就会经历的那一系列过程。

在本章中，我将跟大家一起探讨雌激素分泌系统的复杂机制与独特魅力，解释在身体正常状态下它的运作模式，以及身体出现问题时它可能会发出的预警信号。在本章结尾部分，我们还将讨论更年期的问题。在这一阶段女性将经历月经周期逐渐终止的过程，这一变化意味着身体迈入了生命的新阶段。

现在我们先来认识一下卵巢。

1 卵巢运行和发挥功能的方式令人惊叹。

2 卵巢非常复杂，对它的研究必须深入，不能流于表面。针对性地深入学习和研究，对理解其他内分泌或代谢问题具有很好的指导作用。

3 卵巢非常脆弱，极易受到内外因素的影响。

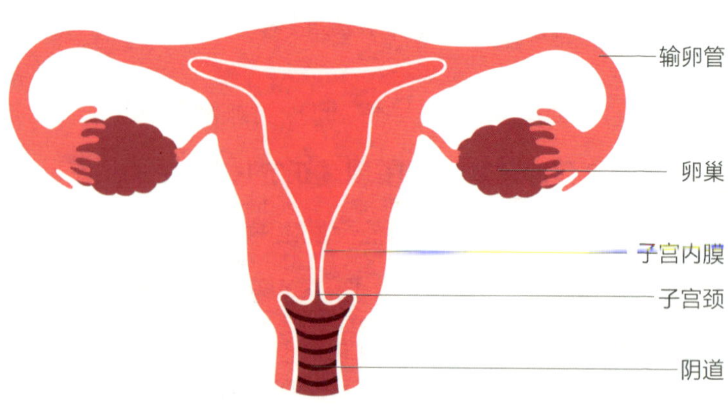

卵巢示意图

资料库

卵巢基本资料	
位置	位于盆腔内，子宫的两侧
特点	左右各 1 个，成年后呈扁卵圆形，大小和形状会随年龄改变
功能	产生卵子，分泌雌激素
可能出现的疾病	闭经、多囊卵巢综合征、过早绝经

卵巢深藏于盆腔，仅有两个并排的大拇指那么大。卵巢与子宫间隔着输卵管，但子宫的一举一动均受制于卵巢。

除了定期产生卵子外，卵巢还可以分泌雌激素、孕激素，子宫内膜每月周期性剥脱形成月经的过程，也离不开卵巢的激素调节。

卵巢需能同时兼顾多种功能，并按照周期性规律，协调地分泌多种性激素并排卵，这是怀孕的前提条件。

女性最主要的性激素是雌激素（其中活性最强的是雌二醇）和孕激素，它们可以促进性器官成熟，帮助女性完成从儿童期向成年期的转变，促进子宫、阴道、输卵管和乳房等发育成熟，使毛发呈现典型的女性特征，调节月经周期及维持正常妊娠。同时，它们还具备维持骨骼强度、润滑黏膜以及调节睡眠等功能。

ⓘ 认识误区：

女性体内没有雄激素

实际上，从生物学角度来说，女性和男性之间的界限非常模糊。女性体内的雄激素主要来自肾上腺，卵巢也会分泌部分雄激素。其中，最为人熟知的是睾酮，还有雄烯二酮和脱氢表雄酮，这些激素对于维护女性健康起着重要的作用。

雄激素具有哪些功能呢？首先，它们与青春期人群和成年人群的身体健康密切相关。其次，也许很多人并不知道，这种激素的分泌还会影响女性的性欲。

当然，凡事都要有个度。女性若雄激素分泌过多，极易引发高雄激素血症。典型症状表现为痤疮、月经不调、多毛症以及女性男性化（如声调低沉、喉结突出、乳腺萎缩等）。在下一章中，我将一一阐述这些问题。

月经周期就像过山车

提到月经周期，不少人都会觉得它是个非常简单的过程，但实际上，月经周期可是一场错综复杂的生理过程。这种周期性的变化，是在中枢神经系统调控下，由下丘脑、垂体、卵巢和内分泌系统通过兴奋和抑制作用共同调节的。

这一切要先从垂体说起。垂体就像一个“指挥家”，通过分泌卵泡刺激素和黄体生成素来管理卵巢的周期性功能变化，进而影响子宫。女性的身体需要调动多个部门协作，才能成功完成这个看似简单的任务。用专业的语言来说，月经周期就是“各种激素协同作用下创造出的动态平衡，推动排卵，并为受精卵在子宫内膜中的安家做着各项准备”。

简单来说，在下丘脑－垂体的操控下，卵巢和子宫会同时展开各自的工作，营造出适宜怀孕的环境。卵泡在卵巢中慢慢成熟（每个月经周期内通常只有一颗优势卵泡会发育成熟并排出）的同时，子宫也在为接纳胚胎做准备。卵泡期，在雌激素和黄体期的孕激素、雌激素的共同作用下，子宫腔内壁的一层黏膜组织会逐渐增厚，此时子宫内膜厚且松软，含有丰富的营养物质。如果顺利怀孕，厚厚的子宫内膜就会保持稳定，为即将到来的新生命做好准备。

但如果没有怀孕，子宫内膜会开始感到纳闷："现在我该怎么办？我还有什么作用呢？"接着，它的两位"小伙伴"——卵巢和垂体会立即回答："你没用处啦！"

于是，体内孕激素和雌激素水平下降，接到信号的子宫内膜随之开始脱落，最后出现大家熟悉的月经出血情况。

注意，这里要强调一个重点：女性的月经周期平均为 28 天，但是 21～35 天也是正常的。每个人的生理周期都有各自的规律，不能把 28 天视为唯一标准。我经常看到一些女孩会因为月经周期不是 28 天而感到焦虑，这完全没有必要。

下图展示了参与月经周期的"角色"。

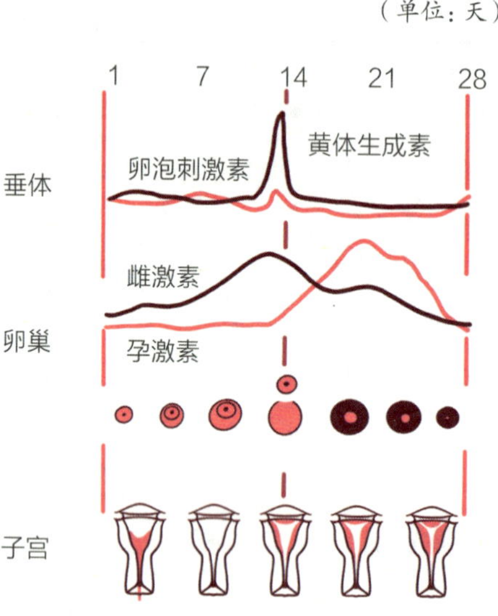

月经周期示意图

综上所述，女性大可不必为月经周期问题感到焦虑。不过，还是要提醒大家注意一些事项。

注意事项

1 月经周期平均为 28 天，但 21～35 天均被视为正常。每个人的周期并不完全相同。

2 排卵大约在月经周期的中间时段发生。对于正在备孕的人来说，了解这一点很重要。因为如果在接近排卵期时发生性行为，将会大大增加受孕的概率。

3 许多内部或外部因素都会干扰月经周期的规律性。月经周期是女性健康状况、所承受压力和生活方式是否合理的“指示灯”，能够迅速显示身体出了什么问题。

虽然月经周期只是生理事件，但即使没有相关疾病，也可能伴随一些令人不愉快的症状。

如何应对经前期综合征

以月经周期来说，女性体内的激素水平在此期间会有大幅波动，如同过山车一般上下起伏。这就是女性和男性生理机制的一个重要区别，因为男性的激素水平基本是稳定的。

当然，任何事情都不可一概而论。每位女性都是独一无二的，不同的人面对激素波动时的反应也自然各不相同。在激素变化显著时，部分女性的情绪会随之发生较大波动。不仅如此，她们还可能会出现一系列“似病非病”的身体和心理不适症状。对于这些女性来说，经前期的激素波动可能极大地影响她们的日常生活。

女性在月经开始前几天，常常会出现疲劳、头痛、背痛、腹胀、乳房胀痛及情绪波动（如易怒、抑郁等），这些症状通常被统称为“经前期综合征”。

如果身体的某些不适状况已经开始明显地妨碍到正常生活，那么，这已经是一个需要被我们高度关注的信号了。这种情况下，一定要尽快找专业医师检查是否患有相关疾病。例如，剧烈腹痛可能是由子宫内膜异位症引发的。

大多数情况下，月经前期的极度不适感其实并非来自疾病，而是由于人体内激素的自然波动、个体对激素的敏感度差异，或者生活习惯造成的。足够的休息和睡眠、规律而适度的锻炼，对缓解经前期的不适感有一定的帮助。

总之，我们绝对不应该忽视月经周期可能带来的身心困扰，但也不必因为太过紧张，反而把正常的生理反应当成疾病来看待。

祝福每位女性能平静、轻松地度过这段特殊时期。

闭经：女性自带的健康警报器

对于女性来说，月经周期如同身体健康状况的可视警报器，每个月会准时提醒自己注意自身状况。

也许，在绝大多数女性看来，伴随着各种不适的月经期实在太难熬了，但仔细想想，这何尝不是一种幸运？每个月按时出现的月经就能表明自己的生殖系统在正常运作，身体状态良好。

这个复杂的月度循环事件也有“脆弱”的一面，常常会面临一些突发状况。当我们的健康出现问题时，月经周期会立刻受到影响：可能会延长、缩短或者停止数月。一旦周期发生异常，那就是身体正在给我们发出危险信号。

所以，女性是幸运的。月经周期的变化起到了警报器的作用，随时提醒自己注意身体状况。

我在前面提到的信息，可能会令女性感到过度担忧。这里我想强调的是：**并非所有闭经都是病理性的。**

下面，我来举几种常见情况。

1

妊娠闭经：在生育年龄的女性中，最常见的闭经情况是妊娠。因此，如果发现月经推迟或一直没来，首先要进行妊娠检查，确认是否怀孕。

2

避孕药造成的月经“消失”：在服用雌激素-孕激素或孕激素类避孕药期间出现的闭经。避孕药尤其是新一代避孕药，可能会导致出血量变得非常少，甚至完全不出血的情况。但记住一点，这种情况下的月经缺失是没有任何问题的，也不必担心血液会在体内积存。简单来说，避孕药会抑制子宫内膜增长，从而导致其脱落量很少甚至基本没有。

3

治疗性闭经：在治疗一些临床病症（如痛经、缺铁性贫血、子宫内膜异位症等）时，医师有时会采用药物干预导致暂时停经。当然，在进行治疗前，医师会告知患者可能会发生的情况。

4

自然绝经：另一种生理性闭经的情况是绝经，这是自然规律所决定的，女性通常在 45 岁及以上会进入绝经阶段。

月经间隔时间过长和闭经

从激素的角度来看，要引起重视的月经变化是月经间隔时间过长，即超过 45 天（也有 35 天的说法）以及闭经。闭经即按自身原有月经周期计算，月经停止 3 个周期以上，持续数月甚至数年。

不同女性的闭经并不是完全相同的。虽然有着相似的临床症状，背后却可能隐藏着各不相同的原因，找出明确的原因至关重要。

正因如此，月经消失只能算是一个症状，并非具体的疾病名称，这跟腹痛是一样的道理。我们可能因为不同的原因而感到腹部疼痛：消化不良、慢性胃炎、急性阑尾炎、胆囊结石等。症状永远是一样的，但背后隐藏的原因却截然不同。如果是由于肠易激综合征引起的腹痛，那么，提出“切除胆囊手术”的治疗方案就太荒谬了，对吧？

治疗闭经也是同样的道理，它的病因既可能是多囊卵巢综合征、卵巢功能衰竭等器质性病变，也可能是长期精神压力、催乳素水平异常等功能性因素（需特别注意：任何诊断前均应首先排除妊娠）。

对于女性而言，找到原因不仅可以更清楚地了解自己身体发生了什么，而且还有助于选择有针对性的治疗方式。当然了，只有找到病因，才能有的放矢地制订治疗方案。

闭经与代谢的关系

最常见的两种闭经，即多囊卵巢综合征引起的卵巢性闭经和下丘脑性闭经，很好地解释了闭经与代谢之间的关系。

这两种闭经的症状都是月经周期出现数月的间隔或完全消失，但两者的病因却截然不同。

下一章会讲到，多囊卵巢综合征往往与胰岛素抵抗和高胰岛素血症有关，根源在于久坐不动、高热量的饮食习惯和超重问题。

当身体处于能量过剩的状态时，身体运转会出现混乱，卵巢的功能会受到影响，造成激素分泌变化，出现痤疮、多毛、头发稀疏、月经稀发或闭经等问题。

下丘脑性闭经，往往是由长时间压力过大和能量摄入不足造成的。常见于患有神经性厌食的人，以及从事高强度训练、体脂率比较低的运动员。当身体察觉到长期能量不足的警报，会暂停与生育有关的功能，降低怀孕的概率。这个道理不难明白，因为如果体内的能量无法应付孕期需求，怀孕自然是难以实现的。

这两种情况都清楚地说明，当女性身体发出相同的求助信号（闭经）时，其背后隐藏的代谢问题可能完全不同。

ⓘ 认识误区：

闭经后吃避孕药就能恢复

不少人认为，使用避孕类药物或者避孕贴片、避孕环等，可以解决闭经这个烦恼。

避孕药确实可以调整月经，但服用避孕药期间的出血不是真正的月经。

避孕药通过提供外源性激素（雌激素和孕激素），使伪月经周期出现，但其核心机制是抑制排卵，并干扰子宫内膜的正常生理状态。由于子宫内膜不够厚，卵子也没有被排出，所以，在服用避孕药后，我们会再次看到月经出血，从而让使用者感到释然，同时又能避免怀孕。

但事情并非如此简单。事实上，这种做法掩盖了闭经的原因，令我们无法真正了解自己的身体面临的问题。如果我们在数月或数年后停止服用避孕药，那么闭经问题还会再次出现。我将在下一章中展开阐述这一话题。

综上所述，无论我们想要达到什么目标，都必须明白一个道理——**避孕药物虽然是一种非常有效的治疗和预防工具，但可能并不是闭经最合适的治疗方式。**

当然，也并非绝对不能使用避孕类药物，但前提是我们必须深入研究，找出闭经的原因。

更年期是女性生命中的重要阶段

更年期是指女性的卵巢功能开始逐渐衰退，导致生育能力下降以及雌激素分泌减少的阶段。

随着年龄的增长，女性身体逐渐不再适合生育，卵巢功能自然衰退。但遗憾的是，此时女性的身体不仅仅停止了排卵，同时也减少了雌激素等激素的产生，这可能导致女性出现各种不适症状。

通常女性会在 45～55 岁进入更年期（中国女性进入更年期的平均年龄为 49.5 岁），这是正常的生理现象。一般而言，女性会在 50 岁左右开始出现更年期症状。

每个人都希望自己的更年期来得越晚越好，但当更年期不幸提早到来时（45 岁之前，尤其是 40 岁之前），一定要引起警惕。这可能是一种疾病，如早发性卵巢功能不全，应考虑使用激素替代疗法进行治疗。

更年期综合征不是病

在我看来，比起本书后面将会探讨的男性性激素话题，女性更年期问题更加复杂，也更加迫切。

更年期综合征，并不能算是一种疾病，而是每一位女性生命中必经的一段时期。然而，每个人在经历该阶段时有着不同的体会。一些女性可能并没有特别的感觉，生活质量丝毫不会受到影响，于她们而言，更年期只是生命周期中的一段时期。

但遗憾的是，对很多女性来说，更年期可能带来各种症状和不适感，严重影响她们的生活质量。

更年期雌激素水平降低引发的症状，每个女性可能都不相同。其中最常见的是潮热，即突然而至的强烈热感，就像身体内部突然烧起了大火。实际上，雌激素减少会引发体温调节中枢失调，从而导致身体对热量产生过度反应。潮热会引发身体各种不适，如无法预期地出汗（主要在上半身），尤其在公众场合可能会引发令人极度尴尬的状况。它还可能在夜间不期而至（通常是指“盗汗”），扰乱女性的睡眠，导致频繁醒来。此外，更年期还可能出现心悸、呼吸加快、恶心、焦虑以及头部压迫感等症状。这些不适感通常会持续 5 分钟左右，严重影响女性的生活质量。

更年期还会产生以下几种较为“低调”的症状。

1

体内雌激素减少，会导致全身黏膜变得干燥，尤以阴道最为明显。因为阴道内壁极度依赖激素水平，其分泌量减少后阴道内壁会变薄，导致润滑不佳及性生活困难，因此增加了阴道出现炎症和烧灼感的概率。更糟糕的情况是，还可能会造成泌尿系统出现频繁的炎症，增加感染风险。

2

更年期可能会影响中枢神经系统，导致睡眠障碍、情绪障碍和注意力难以集中的问题。

3

进入更年期后，脂肪分布会发生变化，更容易在腹部堆积。雌激素降低会导致代谢变慢，还会增加骨质疏松的风险，我们将在有关骨骼健康的章节中详细讨论这一问题。

总而言之，更年期综合征不是一种疾病，但对大多数女性而言,更年期都并非一段轻松的时光。几十年来，更年期引起的症状始终没有得到社会的充分重视，往往以“自然规律，只能逆来顺受”来概括。

然而，事实并非如此。

针对上述症状，医学界已探索出多种可以明显改善或至少缓解这些症状的方法，让女性可以拥有更长久而美好的生活。

鉴于平均寿命的延长，女性一生约有三分之一的时间都处于更年期之后，因此医学界有责任去帮助她们平稳而愉快地度过这段特殊的人生阶段。

第五章

多囊卵巢综合征

“医师，我做了很多次检查，有的医师说我患的是多囊卵巢综合征，有的医师说不是。现在我不知道该听谁的，他们还给我开了避孕药……”

多囊卵巢综合征病因尚不明确，且临床表现多样化，还没有有效的治愈方案，目前主要以对症治疗为主，即调整生活方式和口服药物治疗。调整生活方式是基础，药物治疗应在医师的指导下进行。

认识多囊卵巢综合征

多囊卵巢综合征是一种常见的内分泌代谢疾病。在育龄女性中，它是患病率较高的内分泌问题之一。据统计，意大利每10名育龄女性中就有1人患有此病（编者注：中国育龄女性多囊卵巢综合征的患病率为5%~10%），然而，这一疾病的病因至今尚未明确。

这是一种不易诊断的综合征，不同患者可能表现为不同的症状，找到一种普遍适用的治疗方案极其困难。此外，到底该咨询哪一科专家也让人颇为困惑：是咨询内分泌科医师，还是妇科医师呢？其实，两者都很重要，但内分泌科医师理当排在首位。

由于各种复杂因素，即使明明感到身体不适或出现了令人担忧的状况，患者也可能得不到确切的诊断，有的时候甚至会出现误诊的情况。

这让人有一种置身于迷雾中，或者说是混乱中的感觉。对于这一点，我们必须坦诚面对。

如果在拥有大量可靠文献和医学实践的医学领域都会有许多错误认知大行其道，请您试想一下，当患者在诊所看到医师谨小慎微的态度时，会有何种感受？因此，相比于犹豫、审慎的正规医院的医师，人们往往更愿意听信互联网上那些言之凿凿的“大神”。事实上，这些所谓的“大神”通常只会带来更多问题。

还是从我们知道的开始吧。

下面您将读到：多囊卵巢综合征可能引发多种症状，但我们可以通过采取相应措施来有效地控制这些症状，并显著提高生活质量。

您只需要从本书中获取更多信息，并以更“系统”的方式进行思考即可。

复杂的诊断过程

多囊卵巢综合征是一种常见的妇科内分泌疾病，属于卵巢功能的问题，其表现形式多种多样。因此，如前所述，识别这种疾病并非易事，不能仅通过某一项检查来诊断。目前，国际上常采用“鹿特丹诊断标准”来确诊该病。

鹿特丹诊断标准：

1

稀发排卵或无排卵。表现为月经周期不规律，即经期出血断断续续，或间隔时间超过 35 天（即经期推迟），甚至可能出现闭经。稀发排卵或无排卵会影响受孕，值得我们高度重视。

2

雄激素过多的临床和（或）生化表现。雄激素分泌过多，会导致一些令人烦恼的症状，如痤疮、体毛过多和雄激素性脱发。在症状明显时，被定义为临床雄激素过多；在血液检查中发现异常雄激素水平时（血清总睾酮或游离睾酮升高），被定义为雄激素过多的生化表现。

3

卵巢多囊样改变。通过超声检查，可见卵巢肿大，腺体边缘布满囊泡。

患者并不需要完全符合“鹿特丹诊断标准”的所有条件，但至少需要满足两项才能确诊，且排除其他高雄激素血症的因素。只满足一项是无法确诊的。

在实际操作过程中，我们医师在诊断是否为多囊卵巢综合征前，必须详细了解患者的病史和全部症状，实施全方位检查，分析激素水平，并对卵巢做超声波评估。只有收集到所有这些信息后，我们才能做出诊断。

多囊卵巢综合征的主要致病原因

弄清楚多囊卵巢综合征会引发哪些症状后，下一步就是查明致病原因，从而有效治疗。

我是多么希望能给你们揭秘关于多囊卵巢综合征的真相啊，但恐怕要让你们失望了。因为这个病症在很多方面仍不为我们所知。正如之前所述，不同女性的症状可能有着显著差异。至于导致这种病症的原因，我们也只掌握了一部分，而这显然是不够的。

我们还是有一些要点可以作为参考的。在破解谜题之前，要从研究“谜面”下手。多囊卵巢综合征的主要致病原因有：

- 遗传因素或环境因素，也有可能是两者共同作用。
- 胰岛素抵抗。
- 雄激素分泌过多。
- 环境激素（内分泌干扰物质）的影响。

当然，也有可能是多个病因共同作用的最终表现。

关于遗传因素，遗传学通常没有太多可补充的内容：如果您有亲戚曾患有多囊卵巢综合征，并且出现了我所描述的那些症状，您最好做一些相关检查。

ⓘ 认识误区：

多囊卵巢综合征等于不孕症

这个错误认知会给很多女性带来痛苦和忧虑，尤其是当一位女性在很年轻的时候就被诊断为不孕症，她所承受的心理压力往往很大。

所以，我们先来说说不孕症。不孕的概念正在发生很大的变化，因为近几十年来出现了许多药物疗法和干预措施，可以解决无法自然怀孕的问题。

在过去，如果经过至少 1 年为了受孕且未采取保护措施的性行为后，仍未成功自然受孕，就会界定为不孕。但现在这一定义已经被认为是过时的了。

对于患有多囊卵巢综合征的女性而言，更恰当的表述应该是“生育力低下”。她们的卵巢中其实有很多卵泡，因此生育潜力其实很高。

然而，受孕需要规律的月经周期和正常的排卵。正如我们所知，患有多囊卵巢综合征的女性月经经常紊乱，但是解决这一问题的方法也不少，通过生活方式调整，药物调节月经周期或促排卵，多数患者的排卵功能可以得到改善。

倘若这些方法都不奏效，也可以考虑辅助生殖技术。总之，多囊卵巢综合征不等于不孕症，只是可能需要一些手段来提升患者的生育能力。

多囊卵巢综合征患者出现胰岛素抵抗怎么办

胰岛素抵抗是另一个非常普遍且备受关注的问题，本书会在第八章专门讨论这个问题。

这一代谢紊乱问题仿佛嫌自己惹的麻烦还不够，硬要来给多囊卵巢添乱。事实证明，大多数多囊卵巢综合征患者都存在胰岛素抵抗：很多激素紊乱症状如果不是胰岛素抵抗从中作祟，原本可能不会发作或症状非常轻微。

因此，对于被诊断出患有多囊卵巢综合征的女性而言，最好进一步了解自己是否也存在胰岛素抵抗的问题。如果答案是存在，我们则需要制订一个治疗方案，以改善或消除胰岛素抵抗。

关于这一问题的详细信息，请参阅相关章节。但是，对于多囊卵巢综合征患者而言，有一点至关重要：通过改变自己的生活方式（规律作息、均衡饮食、适当运动），有望恢复正常月经周期以及排卵功能。

对代谢的关注，是近年来医学界的一个新趋势。事实上，几十年来，多囊卵巢综合征一直被认为是一种激素相关疾病，并进行旨在平衡激素的治疗。通常，口服避孕药是治疗此疾病的有效手段，可以立即缓解一部分症状，使皮肤问题得到改善，月经得以恢复。

雌孕激素联合周期疗法，目前仍然是治疗此病的强大手段，我也经常建议我的患者采用这个疗法来治疗，但把它作为唯一的解决方案是不可取的。

若未首先识别并治疗多囊卵巢综合征的基础代谢问题，一旦停止激素治疗，我们就会前功尽弃，回到原点。

不仅如此，关注代谢功能障碍的治疗就是为未来健康投资。众所周知，患有多囊卵巢综合征的女性患上糖尿病、心血管疾病、代谢综合征的可能性更大，而且这些问题一环套一环，我们不能治标不治本。

ⓘ 认识误区：

多囊卵巢综合征患者都有胰岛素抵抗

并非所有患多囊卵巢综合征的女性都会出现胰岛素抵抗。尽管胰岛素抵抗是多囊卵巢综合征的主要代谢特征，被认为是该疾病的重要的病理生理基础。

代谢状况确实对治疗多囊卵巢综合征很重要，但这并不意味着所有患者都有代谢问题。对于一部分患者（约20%的病例）而言，她们的多囊卵巢综合征和胰岛素抵抗并无关联，这些患者的临床症状通常较轻，可能并不需要减肥或改变生活方式。胰岛素抵抗常见于伴有肥胖的多囊卵巢综合征患者。

当然，保持适度的运动、健康而多样化的饮食总不会错，这一建议对所有人都适用。

什么是环境激素

近几十年，外部环境对我们的健康状况产生了很大影响。一类被称为环境激素（内分泌干扰物质）的化合物，正在对我们的身体产生影响，并干扰我们的激素平衡。

这类物质无处不在：环境污染物、日用品的塑料容器、某些防腐剂和农药中也有它们的身影。如果胎儿在母体内就接触了塑料中的双酚 A 和邻苯二甲酸酯等物质，可能增加罹患多囊卵巢综合征的风险（是的，一些健康问题在母体子宫中就埋下了根源）。这些化合物会干扰雌激素和雄激素的产生，造成二者失衡，从而影响排卵功能。

幸运的是，许多国际监管机构对这些物质保持着高度警惕，并积极研究其影响以及如何将我们和这些物质的接触机会降至最低。

雄激素分泌过多会怎么样

当卵巢产生过多的雄激素时，女性的皮肤往往会出现一些症状，因此皮肤科医师往往是最先发现这类问题的专家。

内分泌科医师可能会使用激素疗法来辅助治疗，但激素疗法并非对所有患者都有必要。因为并不是所有的痤疮都源于激素问题，同样，并非所有的毛发问题都是多毛症，并非所有脱发都是雄激素性脱发。

接下来，让我们详细了解雄激素过多会引起的症状，并将其与非激素原因引起的情况加以区分。

内分泌性痤疮

性激素往往会在皮肤上发挥作用，导致痤疮出现。雌激素和孕激素的生理波动也可能引发痤疮，但这时不存在底层激素紊乱。然而,当痤疮是由过多雄激素引起的时候,就需要深入分析其诱因了。如何区分这两种情况?如果我们面对的是严重的、难以根治的、突然出现的痤疮,那就需要考虑雄激素分泌过多的可能。

多毛症

关于这个问题,我们首先要明确一点:**女性的肌肤并非光滑无毛,女性也是有体毛的。**每个人体毛的多少和类型取决于基因,比如亚洲人天生体毛较为稀少。

有些读者可能会觉得我专门强调这一点大可不必,但实际上,经常有体毛正常的女性怀疑自己有内分泌问题,从而向我咨询。虽然,每个人都有选择脱毛的自由,但激素异常是另一回事。

如何识别雄激素分泌过多引起的多毛症?它表现为特定体区出现过多粗硬的深色毛发(毛干粗且毛色较深),比如面部(尤其是上唇、下颚或鬓角区域)、前胸部、下腹部和背部。若这些部位仅有细软的淡色毳毛,则属于正常现象。

女性多毛症示意图

雄激素性脱发

这种由雄激素过多引起的脱发常见于男性，它是一个渐进的过程，不会突然大量脱发，通常发生在头顶或前额区域。头发先是变得更细软，然后逐渐脱落。

但与男性患者不同的是，女性患者的发际线一般不会后移，会在额部保留一圈完整的发际线。

男性雄激素性脱发示意图

女性雄激素性脱发示意图

针对性治疗方案

多囊卵巢综合征是一种复杂的病症，其临床症状千差万别，医务人员须具备深厚的专业知识，以便开展针对性治疗。

我经常遇到一些患者，她们因为对自己的健康状况和治疗过程十分困惑而倍感沮丧。解决之道在于，每位患有多囊卵巢综合征的女性都是独特的个体，只有在深入评估其症状、激素水平和代谢情况之后，才能制订个性化的治疗方案。

但这还不够，还应结合患者的需求来确定治疗方案。哪些症状对患者的生活质量影响最大？患者是否愿意避孕？患者是否正在备孕？这些问题都至关重要，我们可以根据临床分析和患者的期望，选择多种不同的治疗方法。

除了多次提及的生活方式调整（如饮食管理和适度锻炼）外，我们还可以使用药物和营养补充剂来显著改善某些症状。

如果患者的主要症状是月经紊乱，我们可以使用周期性的孕激素疗法、雌孕激素联合疗法，或联合胰岛素增敏剂来改善代谢状况。

如果我们的目标是改善雄激素过多的问题，那么口服避孕药和一些抗雄激素药物（能够抑制皮肤症状）将会十分有效。

如果患者正在备孕，那么我们需要避免使用有避孕作用的激素治疗，转而选择能够促进排卵的治疗方法，在患者难以自然怀孕的情况下，可用药物诱导排卵。

事实上，当我们全面了解患者的综合情况后，还可选择多种治疗方法进行组合。重要的是医师和患者之间能坦诚交流，以便明确每位患者的目标和实现目标的方法。和其他疾病相比，治疗多囊卵巢综合征采取综合疗法往往更为有效。

第六章

睾丸、睾酮和勃起

“医师，我很好。虽然在床上的表现不尽如人意，但没什么大不了的，这不重要！”

睾丸产生的睾酮与勃起功能之间存在复杂的关联，睾酮会通过直接和间接的机制影响男性的性功能。

认识睾丸

很多女性从年轻时就会定期进行妇科检查，而男性大多不习惯定期进行男科或泌尿科检查。

也许因为某些禁忌，大家更愿意私下谈论男科问题，我们的社会很少就性激素和男性生育力进行公开探讨。

这种缄默、羞耻与回避的氛围导致了一些错误观点和非正规疗法大行其道。更重要的是，这给我们在该领域开展疾病预防工作带来许多不便。

因此，打破沉默，直面关于男性生殖腺（睾丸）及其所分泌的主要激素——睾酮的相关问题，可能比讨论女性同类问题更为重要。这是本章将要探讨的内容。

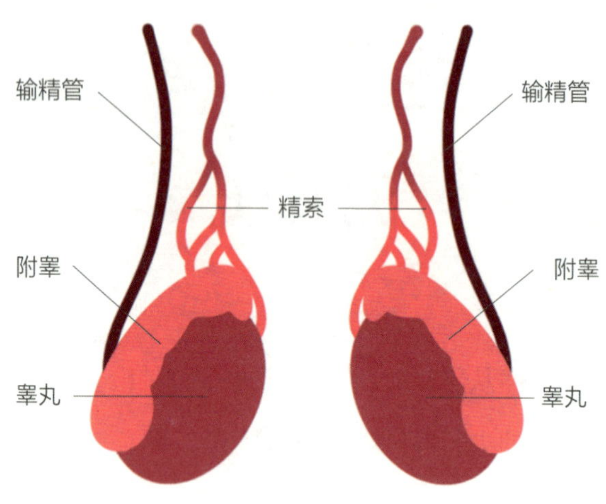

睾丸示意图

资料库

睾丸基本资料	
位置	位于阴囊内
特点	2 个椭圆形器官，左右各 1 个
功能	产生精子，负责分泌雄激素
可能出现的疾病	隐睾、精索静脉曲张、雄激素功能障碍、不育

睾丸作为男性生殖腺，与卵巢同为具有“双重功能”的腺体，受垂体分泌的卵泡刺激素和黄体生成素调节。

睾丸既负责分泌以睾酮为主的雄激素，又承担精子生成的生殖功能。然而，睾丸与卵巢的相似之处也仅限于此。

男性生殖腺（睾丸）比女性生殖腺（卵巢）对人体的影响要平和。女性需要应对激素峰值、波动、排卵和经期出血等，而男性体内的睾酮水平要稳定得多。从青春期开始，睾酮的分泌水平就没有明显的波动，精子的产生也是持续的。到了青春期，男性的睾酮水平会急剧上升，达到巅峰，这种激素对男性发育的促进作用显而易见。睾酮负责男性生殖器官的发育和成熟，促进其体毛生长（如阴毛、腋毛、胡须等）、肌肉质量增加，同时他们的声音也会变得低沉。此外，它还是启动勃起的关键。睾丸是相对稳定的腺体，但要正常工作，必须位于阴囊内，也就是“体外”。原因很简单，睾丸需要更低的环境温度。而阴囊通过其独特的温度调节机制为其提供了最佳条件，因此，当睾丸位置不对时，将它们“放回”原位非常重要。

与女性不同，男性睾丸的激素分泌和精子生成能力虽会随着年龄的增长而下降，但可延续至老年，因此医学界对“男性更年期”是否存在的争议持续至今。

睾酮：令男性雄姿英发的激素

睾丸从胎儿时期就开始产生激素，在7周大的男性胎儿中就可以检测到较高的睾酮水平，青春期时睾酮水平会明显增加，成年后仍保持较高水平，30岁后会有所下降，老年时期较峰值水平显著降低。

睾酮不只是会让青春期男孩长“痘痘”，它对男性各方面的生理功能都很重要。

除了保证性功能，睾酮对男性的整体健康、骨骼强壮和肌肉紧实也起着关键的作用。

然而，睾酮的积极意义，可能会让我们产生一个认识误区，那就是认为睾酮水平越高越好，这样更有利于促进健康、改善情绪或增强“阳刚之气”等。

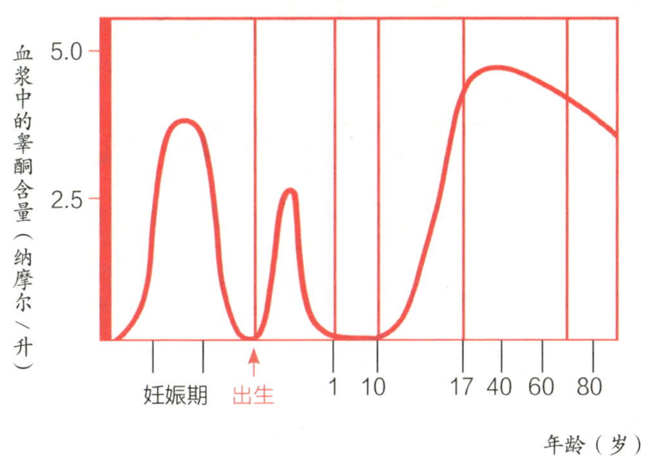

男性睾酮水平随年龄变化示意图

这种观点通常与含有睾酮衍生物的产品（比如专业运动员和健身爱好者会使用的代谢类固醇）相关。

需要警惕的是，这些“辅助”药剂的副作用很快就会显现。

小贴士:

隐睾症不做手术可以吗

隐睾症是指睾丸没有降入阴囊底部(正常位置)的情况。男性胎儿在母体中时,起初睾丸在腹腔内发育,随后缓慢地朝向最终目的地——阴囊移动。但是,由于各种原因,男性胎儿一侧或两侧的睾丸可能会在半路停滞,这种情况被称为未降睾丸或隐睾症。

因此,婴儿出生后,医生会检查两个睾丸是否正确降位至关重要。有些儿童的睾丸可能会下降得过于缓慢,可能到1岁时才能到达适当位置。如果那时睾丸仍然未到达适当位置,就需要进行治疗,无论是采取药物还是手术治疗,最好在2岁前完成。

睾丸"待在"正确的位置非常重要,因为如果长期"滞留"体内,体温会改变其功能,影响精子和激素的产生,并增加癌症(睾丸癌)的发生风险。

关于勃起，你可能不知道的事

勃起是一种极为复杂的机制，涉及激素、血管、神经、心理和环境因素。这些因素共同作用，以保证阴茎的充血。

在一些文化中，勃起被赋予了多重意义：雄风、力量、强大。因此，勃起出现问题时，会导致男性出现“深层次”的不安，心理上很难接受。

所以，我们有必要了解一些基本概念。那就先从正确用词开始吧。

通常，勃起发生问题时，人们习惯将其称为“阳痿”，这是一个沉重的词汇，似乎被贴上了某种耻辱的标签。

“阳痿”的医学术语应该是“勃起功能障碍”，这不仅是一个更科学的表述，而且更为准确，因为它仅限于描述某一个表现。

在表述正确的基础上，我们才可以对其下定义：**勃起功能障碍是指男性在性行为中难以达到或维持足够勃起以完成性交的状态。**这是一个相当普遍的问题，对个体来说，可能是偶发的，也可能会频繁发生。它可能在任何年龄段出现，并可能与各种原因相关。

如果勃起问题仅为偶发，就不算性功能障碍，但可能反映了一种暂时性身体或心理不适，例如极度疲劳、巨大的工作压力、季节性流感所致的身体不适，甚至只是因为消化系统负担过重。

环境或人际关系因素也可能导致勃起功能异常，包括不够私密的环境、缺乏信任的伴侣关系或情感压力等。此外，常常被误认为可以助“性”的酒精、烟草其实也可能导致勃起问题。

我相信，男性读者或多或少都面临过一些上述尴尬情境，这并没有什么大不了，认识这一点很关键。我们要正视“勃起不足”这个现象，认识到它有时会发生，并消除其被赋予的耻辱感。

弄清楚这一点后，我们会更容易明确哪些勃起功能障碍应当引起男科医师的注意，因为它可能预示了某些更复杂的问题。

原因可能是多样的，并且相互影响：不健康的生活习惯、心血管问题、肥胖问题、代谢问题或神经问题，可能还与深层心理问题并存，包括自尊心问题、双向情感障碍或焦虑。如果勃起问题开始变得经常发生，出于预防目的，建议到男科进行检查。

通过全面检查、有针对性的咨询和一些更细致的专项检查，不难确定病因并找到适当的治疗方法进而解决问题。

! 认识误区：

男性也有“更年期”

男性并没有类似女性的更年期，即卵巢功能完全停止的生理阶段，睾丸一生都能产生雄激素和精子。

当然，随着年龄的增长，这个机制可能会变得不那么高效。男性在 40 岁之后生育能力可能会下降，睾酮水平开始降低（尤其是受到某些健康问题的负面影响，如糖尿病、肥胖、吸烟和酗酒等），但睾酮分泌永远不会完全停止，也就是说，**男性的生育能力不会受到年龄的限制。**

男性的生育能力虽会随着年龄增长而下降，但没有明确的“终止年龄”。

睾酮缺乏意味着什么

睾酮缺乏可以出现在任何年龄段，不同年龄段所表现出的症状也有所不同。

睾酮缺乏可能表现为性方面的症状，如性欲减退，勃起和射精功能障碍，也可能影响全身健康，导致慢性疲劳、肌肉力量减弱以及情绪低落，甚至可能发展为严重的抑郁症。

此外，就像雌激素对女性骨骼的作用，睾酮对男性骨骼也有保护作用，睾酮缺乏可能会加剧男性的骨质疏松问题。

ⓘ 认识误区：

睾酮越多越好

我们的身体需要平衡，激素也不例外。如果缺乏激素有害健康，那么过量的激素也不会让我们平安无事。痴迷体育的人可能都知道，长期使用含有睾酮的兴奋剂会产生多种负面影响，有些是暂时的，有些是持久的，甚至在停止使用后也不会逆转。

过量的睾酮与心血管疾病、脱发有一定关系，还可能增加罹患某些肿瘤，如前列腺癌和肝癌的风险。另一种长期影响是睾丸容积减少，这可能导致实质性萎缩以及不育。

心理层面的影响可能也是相当大的。过多的睾酮会导致情绪改变，比如抑郁风险升高，突然的情绪波动和过度的攻击性。

因此，为了显著提高运动成绩而使用睾酮的做法并不安全，长期来看可能危害极大。

睾酮的减少或丧失可能有多种原因：

- **遗传因素。**这种情况下，问题可能在童年时期就初现端倪，在青少年发育期尤为明显。

- **睾丸损伤。**可能由外伤、手术等因素导致。

- **毒性作用。**可能由某些物质（药物、放射性物质）的毒性作用引起。

- **感染。**一些感染，如腮腺炎（尤其是在青春期后感染），可能导致睾丸损伤。

- **肥胖。**一个普遍但常被忽视的原因是肥胖。过多的脂肪组织会改变激素平衡，使睾丸分泌的睾酮失活并转化为雌激素。

睾酮缺乏的原因还有很多，如果继续写下去，我可能要写一本专题手册了。

在阅读完本章后，如果你只能牢记一个信息，那么我希望是：**性健康的重要性绝不亚于身体健康或精神健康，需要被高度重视，尤其是被男性高度重视。**

ⓘ 认识误区：

酒精能够助“性”

无论是基于其社交属性还是其麻醉神经的作用，酒精一直被认为有催情效果。事实上，它对男女都可能产生相反的作用。

大量饮酒可能抑制性欲和妨碍达到性高潮，尤其是可能会干扰男性获得满意的勃起和射精。

长期酗酒者需要特别注意。长期饮酒，可能会导致睾丸萎缩、睾酮下降、精子减少，从而引发多种性器官和生育方面的异常。

总之，不论是短期还是长期来看，酒精都不会产生催情效果。

第七章

葡萄糖、胰岛素和血糖

“医师，听说餐前喝醋可以控制血糖，但我真的做不到，每次喝下去都感觉胃里在翻江倒海。”

葡萄糖是人体能量代谢的主要物质，胰岛素通过调节葡萄糖的摄取、利用和储存，维持血糖稳定，保障能量的正常供应。

葡萄糖不是造成肥胖的元凶

近些年来，人们越来越关注能量代谢，特别是糖代谢。似乎我们的情绪、健康，甚至生活都被身体里的那点儿“糖”掌控了。有人宣称：“葡萄糖很可怕，只有控制好它，才能促进健康改善，甚至辅助减肥。”

千万不要相信那些声称能够一劳永逸解决所有问题的健康秘籍，因为事实证明，基本上都是无稽之谈。不过，人体代谢葡萄糖的机制，确实是一个非常有趣的话题。

在本章中，我们将以近来流传的一些打着代谢幌子的虚假宣传为切入点，解释葡萄糖的定义、重要性以及某些激素在调节体内葡萄糖水平方面的关键作用。

我们常被告诫要严格限制糖的摄入，但实际上，葡萄糖是人体赖以生存的基础物质。无论是大脑中的神经元还是体内的肌肉细胞，都需要葡萄糖作为基础燃料，才能够发挥最佳功能。人体摄入的各类食物，无论是碳水化合物（简单或复杂）、蛋白质还是脂肪，身体都会将其转化为葡萄糖。

正如其他生物一样，人类的身体在漫长的进化过程中，逐渐形成了一套储存营养物质的机制。由于我们的祖先每天都面临着未知的挑战，甚至存在连续多天找不到食物的风险，保持充足的能量储备，成为他们的生存必需。经历了无数次的饥荒和断粮后，他们逐渐适应了不稳定的食物环境。他们意识到，储存更多能量能增加饥荒期间的生存概率。体内能量的储存能力，成为在自然选择中是否能生存下来的决定性因素。

近些年来，世界发生了巨大的变化。如今我们生活在物资丰富的时代，食物短缺不再是全球大部分人群面临的问题。

然而，在亿万年的人类历史中，区区一两百年不过是白驹过隙。人体进化出的营养物质存储机制并没有立即随着时代的变化而改变。每次进食时，我们的身体都会分泌多种激素（对，又是它们），在这些激素的作用下，葡萄糖被转运到人体各个角落，以确保身体能有足够能量维持所有功能的正常运作。如果葡萄糖过剩，人体会将其打包并储存到肝脏、骨骼肌或者转换为脂肪，以备不时之需。

总体来说，人体的代谢系统尚未适应如今食物充足的时代，仍像在饥荒时代一样运作着。正是这一点，导致过去 200 年间各类代谢疾病（如糖尿病、高胆固醇血症、动脉硬化等）的患病率快速增长。当然，人类绝对不会坐以待毙，知识将引领我们克服这些困难。

胰腺与胰岛素

一说到代谢、血糖和体重管理等话题，几乎不可避免地会提到“胰岛素”这个词。这的确是近些年的一个热门话题。社交媒体和各种期刊上充斥着关于胰岛素、血糖峰值以及胰岛素抵抗的讨论。

在本章中，我们将更深入地探讨前两个话题，而关于胰岛素抵抗的知识，我们将在之后的章节中单独讨论。

首先，我们来厘清一些基本概念。认识胰岛素自然要从负责分泌胰岛素的神秘腺体——胰腺开始。

胰腺位于腹腔后部，其胰头被呈“C”形的十二指肠降部半包绕，而十二指肠是指连接胃的第一段肠道。胰腺是具有两种职能的腺体：外分泌功能（分泌胰液，在消化过程中帮助消化食物）和内分泌功能（产生激素）。在本章中，我们仅探讨胰腺的内分泌功能。

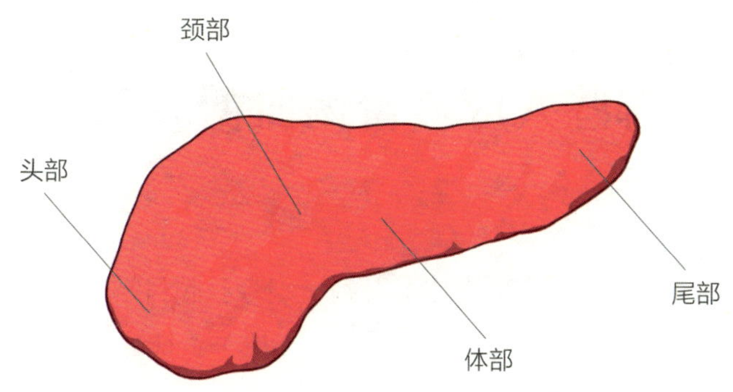

胰腺示意图

资料库

胰腺基本资料	
位置	位于腹腔深处，胃和十二指肠后方
特点	是一个狭长的腺体，可分为头、颈、体、尾 4 个部分
功能	分泌胰岛素等物质；分泌消化酶，促进消化
可能出现的疾病	胰岛素分泌量不足引发的糖尿病

哪些人应该警惕血糖波动

我无意中在社交媒体上看到一则令我瞠目结舌的广告视频。该视频旨在售卖一种可植入人体手臂的血糖监测设备。我一度以为自己看错了，因为通常这类设备主要供青少年1型糖尿病患者使用，以实时监测由疾病引发的血糖波动。但这则视频却声称自己的产品适用于广大健康人群。

这种设备是一种植入皮下的微型传感器，能够持续监测血液中葡萄糖浓度的变化，并根据这些数据绘制个人血糖曲线。这则广告宣称，可据此制订“合理”的饮食计划。

这则广告要传达的理念是：如果你发现吃土豆会导致自己血糖升高，那么就应该在今后的饮食中避开土豆，因为它是导致你血糖升高的罪魁祸首。起初，我对这种荒唐的宣传只是不以为然，但仔细思考后，我感到了深深的不安：既然这种用来监测血糖水平的仪器已经成为面向广大消费者的商品，甚至如此大张旗鼓地出现在社交媒体上，这可能意味着问题比我想象得更严重。

让我们来分析一下这则广告的逻辑。其核心理念是，人体血液中葡萄糖的水平决定了我们的健康程度，需要严格监控和管理。只有通过某种设备实时告知我们每餐后的血糖变化，才能严格控制这个指标。然后以此为依据制订“魔鬼”食谱，以确保血糖水平始终维持在理想范围内。

但仔细思考就会明白，这种做法没有任何意义。人体是一套非常复杂且精密协同的系统，它的运转受到多种潜在因素的影响。我们无法简单地将其类比成一个线性方程，以为只要严格管理饮食和餐后血糖水平就能立刻得出答案。

只有1型糖尿病患者（自身胰腺无法制造胰岛素，需要完全依赖胰岛素药物）才需要时刻关注血糖。正常人对血糖波动的过分关注不仅完全没有必要，而且可能导致过度焦虑，给自己带来无谓的烦恼。

我曾看到过很多这样的例子，原本健康的人完全陷入过度关注血糖的扭曲逻辑中，生活质量严重下降。那些销售相关仪器设备的人，应该考虑到目标人群的实际情况。

知道胡萝卜比鹰嘴豆、西蓝花会给自己带来更高的血糖峰值有什么用呢？毫无用处。这不过是食物的血糖生成指数的差异，健康人群根本不需要为此焦虑。

时下，除了宣传那些对提高代谢立竿见影的食谱外，“饭前喝醋控制血糖”正成为新的流行趋势。还有许多营养补充剂声称可以加速代谢，激活肠道微生物，让人们的肠胃“畅快无比”。但让人遗憾的是，并不存在任何特效食品、饮品或疗法。每个人都有自己独特的生命旅程，需要我们自己去平衡各种营养素的摄入，而不是盲目跟风，天真地以为可以从当前的流行饮食法中找到令自己一劳永逸的方法。

没有哪一种食物能够单凭一己之力对代谢产生正面或负面的影响，真正左右人体健康状况的是我们日复一日、月复一月、年复一年的生活习惯。

血糖水平取决于诸多因素（压力、睡眠、运动等），所以，以近乎严苛的方式监控每一餐食物是绝对不可取的。

对于健康人群或是超重、肥胖、存在胰岛素抵抗的人来说，这样的做法没有任何的实际意义。遗憾的是，在人体代谢方面，各种各样的虚假新闻和夸大宣传层出不穷，因此我决定在下一章专门来讨论它。

胰腺分泌的激素

胰腺至少会产生三种不同类型的激素：胰岛 A 细胞（α 细胞）会产生胰高血糖素，胰岛 B 细胞（β 细胞）会产生胰岛素，胰岛 D 细胞（δ 细胞）会产生生长抑素。三者之间相互作用，以维持血液中糖类物质（即血糖）浓度的平衡。这三种激素的任务是在长时间禁食（如超过 8 小时不吃东西）的状况下防止血糖过低，或者在进食后防止血糖过高。

胰高血糖素具有升高血糖的作用（对抗长时间禁食时的血糖下降），而胰岛素的功能则是降低血糖（防止血糖升高过多，并使糖类贮存在我们的组织中，作为储备），生长抑素的作用则更“神秘”，负责调节前两种激素的分泌。

糖尿病是一种常见的慢性疾病，其中以 2 型糖尿病较为常见。它是由胰岛 β 细胞的功能缺陷和胰岛素抵抗引起的。这些功能障碍会导致胰岛素的分泌减少或利用障碍，进而导致血液中葡萄糖含量增加。

ⓘ 认识误区：

饭后血糖激增会有大麻烦

虽然你可能会觉得难以相信，但我必须澄清一点：饭后血糖升高是很正常的现象。任何人在进食后的几个小时内，血液中葡萄糖浓度都会升高。

这就是为什么医师建议血液检查最好选择早上空腹的时候进行，而不是在喝了咖啡、吃完面包之后。

葡萄糖会通过血液循环到达人体各个部位。当我们进食后，食物中的碳水化合物经消化分解为葡萄糖，在肠道被吸收进入血液，这一过程会自然导致血糖升高。接下来，胰岛素会通过促进细胞摄取葡萄糖来调节其浓度。

正常人在进食后血糖都会开始升高，升高的速度取决于食物的种类和烹饪方法。饭后 30 ~ 60 分钟血糖会达到峰值，升幅一般为空腹血糖值的 20% ~ 30%。血糖达到峰值后会逐步下降，2 个小时后基本恢复到餐前的水平。

第八章

胰岛素抵抗

“医师，自从我发现自己患有胰岛素抵抗，生活就陷入一场噩梦。我不仅戒了碳水化合物、甜食，甚至连水果也不敢碰。好吧，我会咬牙坚持，但我真的不知道还能撑多久……”

胰岛素抵抗，是指细胞对胰岛素的敏感性下降，导致葡萄糖摄取效率降低，血糖升高。

正确看待胰岛素抵抗

无论是医疗专业人士，还是普通公众，在与他人谈论饮食方面的话题时，都应该格外谨慎。因为饮食与身体健康、个人身份认同、生活方式等一系列重要主题息息相关。而这些话题很可能会无意间触及他人的敏感之处或是唤醒某些心理创伤。

医疗工作者对于代谢问题的深度研究，反映了人们对饮食健康议题的关注程度。回首过去10年，我们对于"胰岛素抵抗"这个重要问题的关注，恐怕只能给出一个"负分评价"。

近年来，众多"神奇疗法"如雨后春笋般涌现，所谓的大师们卖力宣传着"10招铲除一切代谢问题"的秘籍。虚假广告层出不穷，导致信息失真，引发了公众混乱和健康焦虑。

对于复杂的代谢问题一味地求快求成、企图一蹴而就的急躁心态，会直接损害我们的生活品质和身体健康。

在我的诊所里，我经常遇到这样的患者：他们固守着那些毫无依据、不安全甚至违背科学的观念，导致饮食行为出现扭曲。

以一个最典型的例子来说，这些年来，我接诊的很多患者都因为过度关注“胰岛素抵抗”而陷入痛苦。基于此，我将在本章中为大家详细解释胰岛素究竟是什么，哪些症状值得关注，而哪些恐惧完全多余。

在本章结尾，我给出了一份简明指南，希望能帮助大家更加从容地面对任何可能出现的代谢紊乱问题。

我还想提醒大家一句：在胰岛素抵抗、糖尿病等问题上，我提出的建议可能与你们平时的认知有所不同。因此，在实施这些方法之前，请务必考虑自身的情况，并咨询相关专科医师的意见。

什么是胰岛素抵抗

胰岛素抵抗是一种代谢紊乱，会导致体内的组织和器官对胰岛素的反应变弱。

进食后，食物中的淀粉等多糖经消化分解成葡萄糖，通过小肠吸收进入血液。血糖升高时，胰腺分泌胰岛素，胰岛素像“钥匙”一样，帮助身体细胞打开“大门”摄取葡萄糖，同时让肝脏把多余的葡萄糖转化为糖原，共同维持血糖稳定。

然而，在一些慢性炎症状态下，周围组织可能对胰岛素的敏感性下降，进而形成胰岛素抵抗，导致胰岛素无法正常发挥作用。胰岛素与身体组织之间交流受阻，可能造成大量葡萄糖滞留在血液中，这个问题不容小觑，需要我们极力避免。

比如我们熟知的糖尿病，就是血液中含有过多糖分，血糖水平持续升高。如果糖尿病得不到适当的控制，可能会对人体健康造成严重威胁。

回到前面的话题。本章提到过，胰岛素抵抗是指机体对胰岛素的敏感性降低，使得胰岛素促进葡萄糖摄取和利用的效率下降。我举个生活中常见的例子，我们遇到耳背的人时会怎么做？我们会不由自主地提高音量，甚至会大喊大叫，以确保对方能够听得到我们的声音。

面对胰岛素抵抗问题，胰腺的反应机制与此类似：它会释放更多的胰岛素，以确保能够完成将葡萄糖送入细胞的任务。这也就意味着胰腺需要做更多的工作，这种情况被称为高胰岛素血症（即血液中胰岛素含量高于正常水平）。

在某种程度上，高胰岛素血症是一种补偿机制，其目的是将血液中的葡萄糖含量维持在一个正常的范围。虽然这个应急办法的确可以在一段时间内控制血糖水平，但它的负面影响不可忽视。如果胰岛素抵抗和高胰岛素血症长期同时存在，就可能会进展为糖尿病，对人体造成损害。

在我看来，胰岛素抵抗并不是一种疾病，而是一种身体的代偿性反应。我更倾向于把其视为一种风险因素。但是，如果置之不理，长期下去可能导致多种健康问题。

如何判断是否患有胰岛素抵抗

在情况不严重的情况下，胰岛素抵抗可能并无明显症状，极易被患者忽视。

但是，如果体内代谢变化明显，就可能会开始表现出一些症状。例如：

- 精神状态不佳，感到难以抑制的饥饿感、无缘无故的疲倦，甚至在餐后会感到眩晕。这可能是胰岛素过度分泌导致血糖急剧下降的反应性低血糖的表现。

- 皮肤出现黑棘皮病，具体表现为皮肤褶皱处出现暗斑，常见于后颈和腋下，但也可能出现在其他地方。这里我还想提醒一点，有些人的皮肤皱褶天生就比较深。此外，膝盖、肘部和生殖器部位的皮肤比其他部位深也是正常的。黑棘皮病患者的皮肤会形成天鹅绒样的增生和肥厚。有时还会伴有疣状改变。一旦有疑虑，请立刻寻求医师的专业意见。

● 在女性群体中，胰岛素抵抗可能会引发激素方面的问题，例如多囊卵巢综合征，进而导致月经周期不规律和因雄激素过多导致的皮肤问题（如痤疮、多毛症、脱发等）。

如何检测血糖代谢状况

医师常用以下方法检测血糖代谢状况。

方法之一是测试空腹时的血糖和胰岛素水平，这能帮助我们更清楚地了解患者全身的代谢情况和胰岛素抵抗状况。

此外，还可以进一步开展葡萄糖耐量试验和胰岛素释放试验。通过该类试验可以评估人体在服用糖水（甜味浓烈到让人觉得恶心，但并非不可忍受）后血糖和胰岛素的变化状况。

请注意，不要被一些假象欺骗。摄入大量糖分后，血糖和胰岛素值升高是完全正常的，特别是在摄入后1小时内。

我们应该重点关注的是血糖和胰岛素的值上升了多少，以及它们需要多少时间才能恢复到正常范围内。

理解这些曲线并不简单，因此请务必听取该方面专业医师的意见。

胰岛素抵抗的危害

胰岛素抵抗与人体健康息息相关，必须引起足够的重视。除了前文提及的一些症状，从长远来看，它可能会对身体健康造成严重的危害。胰岛素持续过高危害健康的原因主要有：

- 长期的高强度工作会使胰腺逐渐衰竭，削弱其分泌胰岛素的能力。保持正常的胰岛素敏感度有助于胰腺得到充分休息，避免其超负荷运行。

- 胰岛素被认为是一种合成代谢激素，能够刺激细胞生长。因此，它可能导致脂肪在体内堆积，进而形成恶性循环：过多脂肪导致不良的代谢环境，加重炎症反应，反过来又加剧胰岛素抵抗。

因此，胰岛素抵抗被视为一种警示信号，提示我们要及时调整生活习惯以保持身体健康。

我们完全不必为那些毫无科学依据的误导性宣传感到过度担忧，因为它们对我们的健康没有任何益处。当然，我们也不能低估胰岛素抵抗的危险性，要学会通过正确的医学知识科学应对。

胰岛素抵抗的原因和调节方法

前文中提到过，胰岛素是一种由胰腺分泌的调节血糖的激素。如果出现胰岛素抵抗，即机体对胰岛素的反应减弱，可能会引发多种健康问题。

毫无疑问，胰岛素抵抗的出现并非单一因素所致，而是许多因素共同作用的结果。没有任何单一因素会直接导致胰岛素抵抗。就像一幅拼图，只有将不同碎片拼凑起来，才能展现出它的全貌。

接下来，我们会对各种因素进行逐一分析，并提出针对性建议。

既然胰岛素抵抗是多因素作用的结果，那么对其的应对策略也必然是多元化的。

非个人因素：遗传因素和慢性病药物

不管是教人如何处理衣柜中的飞蛾，还是解决拖延症，各类指南手册都有一个共同的核心前提：执行力。只要选对了路（按照书中的要求去做），问题往往能够迎刃而解。

首先，我们来梳理一下导致胰岛素抵抗的因素：

- **遗传因素。**可能有些人一看到这个词，心里就会莫名感到一阵惊恐。难道亲人有胰岛素抵抗或者糖尿病，自己就一定会受影响吗？无需过度惊慌，遗传因素固然重要，但也并非决定命运的唯一因素。当然，不可否认，在众多复杂因素交织影响的系统中，遗传因素对于部分人群确实有着不小的影响力。

- **慢性病治疗药物。**虽然在治疗慢性炎症或自身免疫性疾病方面，类固醇药物发挥着非常重要的作用，但同时也可能对代谢产生负面影响，导致代谢紊乱，从而诱发胰岛素抵抗。

总而言之，家族中有胰岛素抵抗的遗传因素，或者因治疗其他疾病需要服用类固醇药物，都会增加胰岛素抵抗出现的风险。但是也不要灰心丧气，良好的生活习惯对预防或缓解胰岛素抵抗的发生起着重要作用，主要包括饮食、运动和睡眠三个方面。健康的生活方式不仅可以帮助预防胰岛素抵抗的发生，而且可以在一定程度上缓解症状。反之，不良的生活习惯会加重胰岛素抵抗的状况。接下来，我会详述每个方面的最佳实践方式。

此外，胰岛素抵抗还有一个非个人能够掌控的发病原因，那就是慢性压力。

毫无疑问，摆脱压力并非易事。在诊所跟患者们闲聊谈到此话题时，我们常常开玩笑地说这是“时代之痛”。长期压力对健康百害而无一利。它与一种名为皮质醇的激素密切相关。我会在后文进行详细阐释。

真的有办法能够减轻压力吗？这事儿我们说了算吗？我不知道该如何回答，或者说，这个问题并无固定的答案。每个人的情况都不同，常常会受到工作、家庭等多种因素的影响。但是，有一点可以肯定，**健康的饮食习惯、适量的运动和充足的睡眠都对缓解压力有所帮助。**

健康的饮食习惯

先来回答我一个问题：大家印象中那些有代谢问题的人都长什么样子？可能我们立刻会想到一个特别肥胖的人，或者至少是一个体重超标的人。这其实只是一种刻板印象，并不完全准确。体重正常的人，并不能保证一定不会有代谢问题（例如受到遗传因素影响或者生活方式不健康）。反过来说，超重也并不意味着一定会有代谢问题。

当然，人的直觉往往也能在科学中找到证实：高热量（高脂肪、高糖且膳食纤维含量低）的饮食，的确是导致代谢问题的重要因素。

那么，我们应该怎么来养成健康的饮食习惯呢？

经过医学研究发现，就短期效果而言，并没有哪一种饮食习惯一定优于另外一种。但长远来看，真正能够让身体从中获益的，一定是可持续的、健康、均衡的饮食模式。

如果一种饮食方式能改善我们的生理代谢指标，甚至减轻体重，但代价是严苛至极的忌口，始终伴随着的饥饿感以及永远失去坐在餐桌前的乐趣，这种改变又有什么意义呢？大多数情况下，它只能给人带来短暂的满足感。但不用多久，我们一定会放弃它。一切归零，反而会导致加倍的挫败感。

虽然现今的饮食专家们都不愿意承认，但是在科学文献中还有一个非常明确的观点：那些所谓的有“罪恶感”的食物是不存在的。

是的，甚至包括碳水化合物。

碳水化合物在饮食中占据着非常重要的地位，能够给人们的日常生活带来满足感。如果不摄入碳水化合物，我们很可能无法长期地维持健康的生活方式。

糖分属于简单的碳水化合物，也不应该被彻底地排除在我们的食谱之外，尤其是水果中的糖分。

我们似乎越来越习惯于把食物当作是化学物质来进行分析，却忘记了它本身是食物。没错，水果是甜的，但它们不只含有糖分，还有膳食纤维、水分和维生素。研究证明，水果吃得太少会增加生病的风险。我们为什么要害怕吃香蕉或者树莓呢？

编者注：根据《中国居民膳食指南（2022）》推荐，应保证每天摄入200～350克新鲜水果。

说到这里，有什么食物是一定要戒掉的吗？

当然有，答案是甜点。这个建议适用于所有人，不仅仅是有胰岛素抵抗的患者。然而，完全放弃甜点也并非明智之举。相反，这样做只会让我们对它产生更加强烈的渴望。一旦哪天我们没能抵挡住一口冰淇淋或同事的生日蛋糕，又会感到非常内疚和自责。没关系，适量的甜点完全可以成为日常饮食的一部分。

我们要养成健康的饮食习惯，应该摄入各种食物，以满足味蕾和健康的双重需求。

这是否难度过高？实际上，这是我们每个人都可以做到的。

适量的运动

大家总是把代谢问题与饮食联系在一起，似乎“饮食”是解决该类问题唯一的途径。只要说到代谢，人们就会首先考虑要戒掉什么，减少多少食物摄入量，甚至是如何让自己饿肚子。当然，前面也讲过了，这样的思路没有错，但还有很多其他因素应该列入考量范围。

我们不应该只想着少吃东西，而是要想办法多消耗能量。实际上，有一个被很多人低估的因素——久坐不动，这也是现代人的又一个通病。

显而易见，大多数人的运动量实在太小了。

当然，这并不全是我们的错。平时的工作往往需要坐着，上班可能需要开车……总之，一天中的很多时间都无法避免地坐着。

现代社会的生活方式已形成如今的模式，这是我们无法选择的客观现实。但必须牢记：运动对代谢、肌肉、关节、心血管等方面，乃至整个身体健康而言，都是不可或缺的。

在这个营销为王的时代，代谢问题专家们如雨后春笋般涌现出来，他们不断更新着健身领域的理念、方法。在这里，我只想跟大家分享一些基本的观点：

- 空腹运动没有实际意义。

- 餐后马上散步不能有效抑制血糖的快速上升。

身体的代谢模式并不是碎片化的。

难道餐前喝口醋，一顿轻食餐后再走上 20 分钟，就可以欺骗身体，让它误以为自己没有摄入任何热量吗？

这些"欺骗性策略"毫无科学依据，但我敢肯定，在现实生活中，许多人很轻易地就被这样的套路骗到了。

运动对我们来说至关重要，它们比任何药物或策略都要有效。在此需要澄清一点：人们往往认为，只有有氧运动（例如长距离步行、跑步、游泳等）才是有益的健身方法，这一观点是片面的。

有氧运动的确必不可少，但是还不够。我们可以把有氧运动有机地融入日常生活，比如尽量步行，或者选择那些能让身体得到锻炼的出行方式。如果距离不太远，为什么不试试骑自行车上下班呢？如果这不现实，还可以考虑在远一些的地方停车，然后步行一段路程。

很多人信奉的“每日一万步”，其实最早只是一个计步器的营销手段，不过它也给我们提供了一个很好的锻炼思路。但是这还不够，在这些日常有氧运动的基础上，我们还应该加入另一种运动形式：**抗阻训练。**

抗阻训练是一种无氧运动，通过抵抗外力，来对不同肌群进行训练，以达到增强肌肉力量的目的。

也许有些人会觉得不可思议，但这类训练在提升代谢等方面的确起着决定性的作用。我的很多患者在开始了有规律的抗阻训练后，不管血检结果（绝大多数都有所改善）和体重是否变化，至少他们都感觉到自己的身体重新焕发了活力。

另外，希望每个人都能记住一个“朴素”的道理：此前毫无任何运动经验的人，不要幻想自己能在几周内就从“小白”练到“达人”的程度，这样的期望是不切实际的。相反，养成持之以恒的运动习惯更重要。

对于长期习惯了久坐不动的人来说，如果突然投入高强度的训练，可能很快就会放弃，过于剧烈的运动会让人有种无法承受的挫败感。所以，我的忠告是，与其什么都不做，不如循序渐进，每次前进一小步。

各大权威组织的建议是每周应至少进行 3 个小时的身体训练，以改善或保持健康状态。但是，我们不用急于在短时间内实现这个目标。不妨一步一步来，逐渐摸索出自己能够接受的锻炼模式。重要的是，我们在面对运动时不会有很大的压力，也不会在每次训练后都因为肌肉疼痛需要好几天来恢复。渐渐地，身体会习惯这种新的生活模式，那个时候就可以逐步提升锻炼的强度了。

因为并非人人都天生具有“健身细胞”，所以，寻找一种让运动变得轻松、愉悦的方式非常重要。当然，如果在这个过程中可以得到专业人士的指点，从“静”到“动”的转变会更容易实现。

那么，所有运动的目标都是为了变成“纸片人”吗？并非如此，这件事因人而异。我之前已经说过，并非每个胰岛素抵抗患者的体重都超标。不过，超重的确是加速胰岛素抵抗发展的关键因素之一。脂肪组织不仅是占用我们身体物理空间的“软垫子”，它还发挥着激素的功能。脂肪过多地堆积，尤其是在腹部，会加重炎症反应，导致代谢紊乱。

总的来说，运动的目标不一定是要变成瘦子，但减少过多的脂肪绝对有助于缓解胰岛素抵抗。

充足的睡眠

在第十章关于皮质醇和生物钟的部分，我们将深入探讨睡眠对身体的重要性以及遵循其生理规律的必要性。

皮质醇是一种被称为压力激素的物质，其分泌具有明显的昼夜节律，夜里23~24点处于低谷，清晨6~8点达到峰值。

那些能够顺应皮质醇分泌波动规律，在午夜前入睡并早起的人，相对不容易出现代谢失调的状况。

另一方面，科学研究也已经证实，睡眠不足对人体健康存在显著危害。

许多人为了提高工作效率而牺牲睡眠，将睡眠视为浪费时间，他们认为这样的生活才够充实。

但是，事实并非如此。

睡眠，就如同人类生命旋律中不可或缺的一段乐章，每天会按照固定的节奏帮助我们的身体实现“重新充电”与“再启动”。身体需要睡眠，如果我们无视这种生理需求，可能会引发恶性循环，让代谢出现紊乱。

不过，也不必因为难以早睡而焦虑。不妨换一个角度来看待这个问题，这也许就是我们逐渐改变自己生活方式的契机。

不要为这些论述而感到过分焦虑。放轻松，凡事都有解决的办法。

的确，胰岛素抵抗的问题在我们的生活中变得越来越常见，也越发复杂。但同时，解决方法也很多，例如借助一些药物和营养补充剂。但无论如何，在日常生活中慢慢构建起一个良性循环的生活模式会帮助我们逐渐改善自己的身体状况。胰岛素抵抗涉及的因素纷繁复杂，但只要肯付诸行动，一定能够逐步改善，甚至在科学管理下实现病情逆转。

ⓘ 认识误区：

胰岛素抵抗会让人瘦不下来

许多人认为，胰岛素抵抗会影响减肥，是瘦身计划的重要阻碍。但事实并非如此。胰岛素抵抗与肥胖互相引发的恶性循环的确存在，但是我们完全有能力打破这一循环，甚至逆转胰岛素抵抗的状态。

要实现这个目标，首先需要建立完整的诊断框架，包括基础内分泌检查、代谢指标检测和详细的病史采集。这将帮助医师明确需要干预的问题、是否需要药物治疗，以及应如何设计有效的治疗计划。

当然，合理的营养方案也必不可少。事实上，几乎所有病例都需要根据个体情况，开始或增加一定量的体育活动。

餐前喝口醋

在本章中，我总结了治疗胰岛素抵抗的相关信息和权威研究成果，这些内容也同样适用于大多数代谢问题。

认识到代谢问题的复杂性和解决方案的多样性，大家应该明白：没有什么立竿见影、一劳永逸的解决策略。

我们在浏览网页或看电视时，可能会看到一些治疗新方法的广告，声称能够快速斩断病根，更美妙的是，患者甚至无须付出太大的努力（当然，经济投入不在此列）。

遗憾的是，这些看似简单的解决方案的效果往往令人大失所望。以饭前喝点醋为例，当别人告诉我们这是唯一的健康秘诀时（当然，事实并非如此），我们的第一反应可能会是："太好了，我能做到。"

然而，紧接着我们可能会发现喝醋会让自己反胃，感觉太难受了。也许我们硬着头皮坚持了一周每天喝醋，但在某个晚上被邀请到外面活动后就忘了。又或者，我们突然发现厨房的醋用完了，但抽不出时间去超市采购。

只需要做一件事情就能成功，但偏偏自己做不到。这真是令人有些挫败。

另一方面，一开始就了解到生活中各方面都急需改善，会让人觉得心惊胆战、手足无措。然而我们需要牢记的是，真正带来变革的绝非某一个单独行为，而是全面的改变。优化生活方式的进程是渐进式的、持久的。每一天，我们都尽可能地做得更好。

诚然，这个过程会需要我们同时注意许多事情，可能会让我们感觉难以适应。但同时，它也给我们提供了更广阔的操作空间。

如果我们了解到并不存在唯一正确的方式，反而有诸多方式可以帮助我们改善或者至少维持身体健康，难道这不是更令人安慰、放心的情形吗？

第九章

激素能强健骨骼的秘密

“医师，我再也不用防晒霜了。我妈妈就有骨质疏松，如果我再涂防晒霜，也会缺乏维生素 D 的！”

甲状旁腺激素如同人体钙代谢的“指挥官”，当血钙降低时，它能促使骨骼释放钙入血以维持血钙稳定，还可促进肠道对钙的吸收及肾脏对钙的重吸收，同时通过调节破骨与成骨细胞活性来维持骨骼代谢平衡，保障骨骼健康。

认识甲状旁腺

对骨骼健康来说，甲状旁腺激素是最重要的激素。这种激素经常被忽视，默默地在角落里发挥作用。甲状旁腺激素永远不会在杂志封面或书名中出现，而负责分泌甲状旁腺激素的甲状旁腺也同样习惯于隐身于它著名的邻居（甲状腺）身后默默运行。

甲状旁腺激素的功能类似于交通协管员，负责引导人体通过食物摄取的钙沿着既定路径行进，并最终到达正确的位置。

钙必须进入骨头内部吗？当然，钙是骨骼的主要成分，有助于维持骨骼的坚固和健康。此外，钙还在神经传导、心脏功能调节、血液的凝固和细胞信号传递等方面发挥着重要的作用。

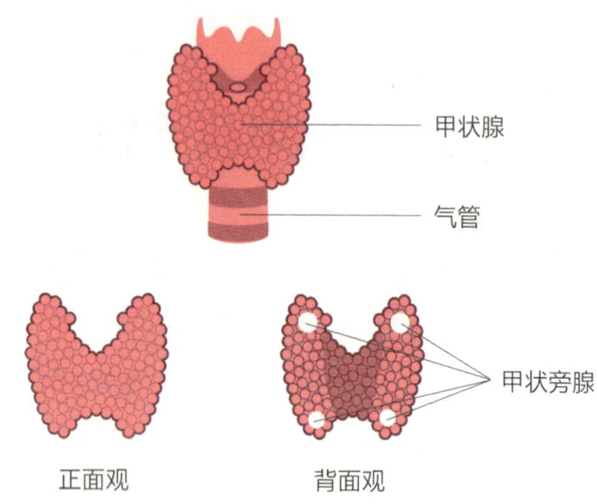

甲状旁腺示意图

甲状旁腺基本资料	
位置	位于甲状腺后面
特点	扁椭圆形，形状像 1 颗小豌豆，通常有 4 枚
功能	分泌调节体内钙磷平衡的甲状旁腺激素
可能出现的疾病	如果激素分泌过多，可能加剧骨骼中钙流失和骨质疏松；如果激素分泌不足，可能影响肠道从饮食中吸收钙的能力

在骨骼健康方面，“害羞的”甲状旁腺激素与“著名的”维生素 D 并肩作战，共同发挥作用。

维生素 D 在人体内扮演着关键的角色，通过增强肠道对钙的吸收能力，协助甲状旁腺激素引导钙在体内的循环。它能够促进人体对钙的吸收，并最终使钙进入骨骼。

虽然维生素 D 在这方面的作用至关重要，但这并不是它广为人知的唯一原因。长期以来，科学家们一直在研究维生素 D 对身体健康的多方面影响，越来越多的数据证实了维持良好的维生素 D 水平的重要性。

在人的一生中，维生素 D 会一直影响着我们吗？是的，但如果我们必须选出两个最需要关注维生素 D 的人生阶段，那一定是童年时期和老年时期。

童年时期是骨骼形成的关键时期，身体在成长过程中需要大量的钙来维持骨骼的生长。

而老年时期，骨骼中的钙会加速流失，因此，需要补充维生素 D 和钙来减缓流失的进程。

总体而言，骨骼健康的风险时期是指年龄超过 65 岁，但对于女性而言，需要关注骨骼健康的时期则要再提前一些，即进入更年期之后。

在之前的章节中，我们曾提到过，雌激素在保护骨骼方面起到了重要的作用。当雌激素分泌减少时，女性面临骨质疏松的风险就会随之增加。

那么，为什么男性没有同样的问题呢？这与对“男性更年期”的误解有关，在介绍男性性激素的章节中我们已经探讨过该问题。

ⓘ 认识误区：

维生素 D 只是一种维生素

虽然名字上叫维生素 D，但实际上，它不仅是一种维生素，而且是一种具有激素功能的物质。那么，这两者有什么差别呢？除了通过饮食来获取，维生素 D 也能在体内转化而成，而激素通常由人体内分泌腺产生。

没错，我前面常说激素由内分泌腺分泌，大多数情况下确实如此，但并非绝对。

有些激素生成的位置比较特殊。维生素 D 就是其中一个例子，它是在皮肤中产生的。但这必须满足一个前提条件，那就是我们必须在紫外线照射下，才能启动生成维生素 D 的合成进程。所以，维生素 D 也被称为“阳光维生素”。

你选维生素 D 还是防晒霜

尽管维生素 D 存在于动物肝脏、奶制品等多种食物中，但它们的含量相对有限，难以为我们提供充足的需要量。因此，我们唯一可以制造维生素 D 的途径是晒太阳，但这种方式也有其潜在的风险，比如可能增加患皮肤癌的概率。

根据生物效应的不同，紫外线分为：

- 长波紫外线（Ultraviolet A，UVA）。
- 中波紫外线（Ultraviolet B，UVB）。
- 短波紫外线（Ultraviolet C，UVC）。
- 真空紫外线（Vacuum Ultraviolet，VUV）。

其中，UVA 能够穿透皮肤深层，破坏皮肤内的弹性蛋白，导致皮肤过早衰老（即出现或加深皱纹）。同时，它还可能损伤脱氧核糖核酸（DNA），引发皮肤肿瘤。中波紫外线虽然是维生素 D 生成的必要因素，却也是人们晒伤的元凶。

因此，使用防晒霜是绝对必要的。根据卫生部门的建议，应该避开上午 10 点至下午 2 点紫外线最强的时段，并且需要每 2 小时重新涂抹一次防晒霜。此外，绝对不要使用晒黑床和进行过长时间日光浴。

那么，我们是否必须在保持骨骼健康和保护皮肤健康之间进行取舍呢？当然不是。

ⓘ 认识误区：

用防晒霜会缺乏维生素 D

目前还没有任何研究证实，使用防晒霜会导致人体缺乏维生素 D。

事实上，在使用防晒产品的情况下，只要按照建议的方法每天在太阳下暴露 15～20 分钟，即使在气温较低时，也能保证体内维生素 D 的正常含量。

当然，我们在做选择时需要权衡利弊，皮肤肿瘤对人体的危害性远超维生素 D 缺乏。

事实上，目前市场上有大量以维生素 D_3（即胆钙化醇，是维生素 D 的生物活性形式）为主要成分的营养补充剂，这为我们的营养补充提供了便捷选择。

骨质疏松只发生在女性身上吗

谈到骨骼健康，骨质疏松永远是个绕不开的话题。一般来说，骨质疏松问题主要困扰着女性群体。正如前文中提到的，随着更年期的到来，雌激素分泌减少，女性的骨质疏松风险会相应增加。

但是，这并不意味着骨质疏松只会影响女性。事实上，**随着骨骼中钙质的逐渐流失，每个人都有可能受到骨质疏松的影响。**

骨质疏松可能与年龄增长、久坐不动、体重过轻或者长期服用某些药物（例如皮质类固醇，治疗乳腺癌、前列腺癌的激素抑制类药物）有关。

此外，一些疾病也可能导致这种情况，比如消化酶缺乏会导致营养吸收能力降低。特别是如果骨质疏松的问题在老年阶段才被检测出来，可能表明这个人在很长时间内的钙质吸收都已受到影响。

值得注意的是，骨质疏松也可能与类风湿性关节炎等自身免疫疾病相关，而进食障碍和营养不良亦可能成为诱发因素。

虽然骨质疏松不属于严格意义上的遗传病，但遗传因素仍是重要风险因素。因此，如果家族中曾有严重的骨质疏松病例，建议主动向医师咨询，看看是否需要进行检测。

要特别强调的是，骨质疏松可能会影响任何人，但许多男性常常错误地认为自己与此事无关，完全忽视了这个普遍存在的老龄化问题。建议所有 70 岁及以上的男性都去做一下骨密度检测。

如何优雅地老去

除了依赖专业诊断，我们也可以主动做出一些调整，以保证我们的骨骼健康，而这些改变可以从日常生活着手。

人体对钙的需求量会随着年龄的增长而变化。通常情况下，儿童每天的钙需求量为800～1 200毫克，而成人为每天1 000～1 200毫克。孕期的钙需求量会稍微高些，为每天1 500～2 000毫克。

编者注：中国的钙推荐摄入量与意大利的钙推荐摄入量存在差异，具体可参考《中国居民膳食指南（2022）》。富含钙的食物主要包括牛奶及其衍生品、鸡蛋和鱼。

那么，素食者注定无法避免钙流失吗？当然不是。如果在饮食结构中肉、蛋类比例较低或者压根没有，还有很多替代品可以选择，如十字花科蔬菜（我之前就说过，不应该把它们排除在食谱之外）、苋菜、菠菜、朝鲜蓟、芝麻、杏仁等。此外，还有很多豆类及其衍生产品，如天贝（编者注：印尼的一种发酵类豆制品，多用黄豆制作）和豆腐，都是钙的优质来源。同时，许多钙含量不足的食品，如植物饮料和植物酸奶，也常常被额外添加钙质。

最后，还有一个我们可能没想到的钙源——矿泉水。水是钙的重要来源，如果我们选择钙含量较高的水，每天只需要喝1 500毫升的水，就能满足一半的钙需求。

听起来“每天喝一升半的水”似乎有些困难，但这绝对是值得实践的建议！

保持骨骼健康的另一重要途径是运动。尽管从外观看骨头非常坚硬，实际上它具备很强的可塑性。运动的刺激，可以使骨骼更加强健，并生成新的骨基质来支持我们的日常活动。相反，如果骨骼缺乏运动刺激，比如长时间坐着或者被迫卧床休息，其硬度和抵抗力会逐渐降低。因此，适度、持续的体育活动对提高骨骼矿质含量大有裨益。即使对于骨质疏松患者，这种方法也同样适用。

小贴士：

人体究竟需要多少维生素 D

血液中维生素 D 的正常值是多少？这无法一概而论。在意大利的临床实践与参考标准中，血清中 25 - 羟维生素 D_3 的含量是体内维生素 D 营养状况最好的指标。

对于健康人群而言，即没有任何疾病的状况下，血清中 25 - 羟维生素 D_3 的浓度应高于 20 纳克 / 毫升。

患有骨质疏松症或骨代谢异常的人群，血清中 25 - 羟维生素 D_3 的浓度应维持在 30 纳克 / 毫升以上。

请务必注意，不要过量摄入维生素 D。血清中 25 - 羟维生素 D_3 的浓度一定不要超过 100 纳克 / 毫升。建议将血清中 25 - 羟维生素 D_3 的浓度控制在 30 ~ 60 纳克 / 毫升，这既是理想水平，也是安全范围。

！认识误区：

骨质疏松症患者不宜运动

在治疗骨质疏松症患者时，我经常会被问到一个问题：我还能正常运动吗？

这是个很有代表性的问题。由于骨质疏松症会增加骨折的风险，所以，我们的第一反应通常都是避开一切可能导致受伤的活动。但是，这样做就大错特错了。

因为即使是骨质疏松的骨头也会对刺激产生反应，运动正是一种能够有效刺激骨头，并与药物治疗相辅相成的治疗方式。

在此，我想给出两个建议：

- **尽可能避免参与有可能摔倒的活动。**这话看起来似乎有些多余，因为毕竟没有人会故意摔倒。但是我们往往忽视日常生活中潜在的风险。骨质疏松症患者，特别是病情严重的患者，更需要多加一份小心，以减少摔倒的风险。比如，在打扫卫生时不要攀爬家具；避免在不平稳的地面（如山上的小径）上行走；避免进行诸如滑雪等容易摔倒的运动。

- **避免搬运过重的物品。**为了保护全身的骨骼，应注意避免受到挤压伤害。而对于脊柱来说，要格外注意负载的重量。经历过椎骨塌陷的人，肯定对这一点有着很深的体会。负荷越重，椎骨骨折的风险也就越大。对于骨质疏松症患者来说，在进行诸如搬运家具或其他重物的活动时，必须特别小心（这话可能听起来有些可笑，但事实上我们在日常的家务劳动中很容易受伤，因为这时我们会不自觉地分散注意力），并尽量寻求他人的帮助。

总的来说，无须把自己关在玻璃罩里，但是一定要避免冒险。

第十章

认识“压力激素”：皮质醇

“医师，听说睡眠不好会扰乱激素分泌，但是我的工作又必须值夜班，这可怎么办？”

皮质醇作为“压力激素”，在人体中作用广泛。正常情况下，皮质醇分泌呈现昼夜节律：清晨醒来时达到峰值，帮助我们清醒并为新的一天储备能量；随后逐渐下降，夜晚入睡时会维持在较低的水平，保证睡眠质量。当我们遇到压力时，皮质醇会突破常规节律迅速分泌，增强免疫功能，减轻炎症。

认识肾上腺

皮质醇就像是永远为子女担忧的父母，大事小事都要管，而它们做这些都是出于对我们的关心。皮质醇在免疫防御、调节代谢、维持血压、管理睡眠－觉醒节律中都发挥着不同的作用。当然，它最知名的功能是调节压力。这一点我在第七章也有所提及。

所谓“人红是非多”，皮质醇也难逃这一规律。关于这种广为人知的激素，外界充斥着各种误解和不实之词。

现在，是时候为皮质醇澄清误解，让大家真正理解它了。在本章中，我将详细介绍皮质醇的功能，从它的源头，即肾上腺的分泌机制开始，重新认识这个人体自带的“压力调节器”。

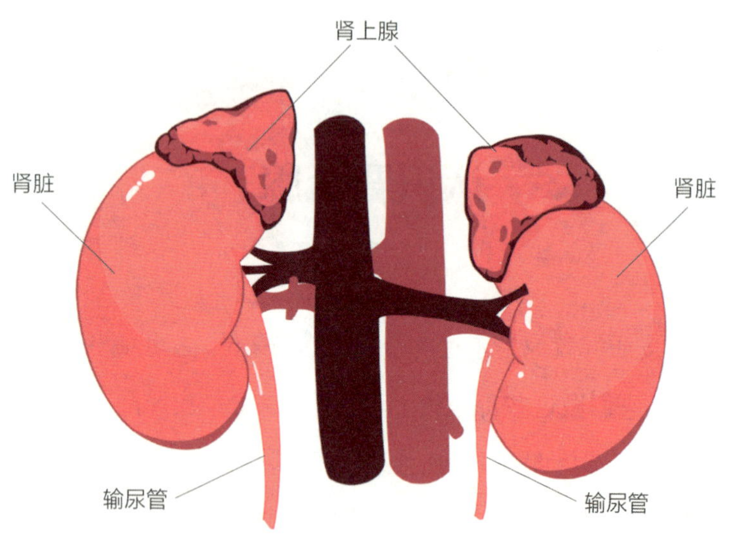

肾上腺示意图

肾上腺基本资料	
位置	位于腹部，两侧肾脏上方
特点	像小帽子，数量 2 个
功能	调节人体内分泌，分泌多种激素，保证人体内部的正常运作
可能出现的疾病	庆幸的是，肾上腺疾病发生率较低，但功能异常时，可能严重危害人体健康

肾上腺是产生皮质醇的内分泌腺体。但是，仅用这样的描述来定义肾上腺，显得过于笼统和简单。确切地说，肾上腺的功能远不止于此。

肾上腺由皮质和髓质两部分构成，这两个部分有着不同的结构和功能。从结构上看，它们紧密地“缠绕”在一起，肾上腺皮质覆盖在肾上腺髓质的最外层。

肾上腺皮质分泌糖皮质激素（主要是皮质醇）、盐皮质激素（主要是醛固酮）及部分的雄激素。肾上腺髓质则负责产生儿茶酚胺、肾上腺素和去甲肾上腺素。这些激素扮演着神经递质的角色，像信使一样在大脑的神经元中传递信息。

所以，你们知道吗？肾上腺素飙升实际上是肾脏的这对“小帽子”——肾上腺加倍工作的结果。

什么是生物钟

皮质醇对体内的生物钟起着调节作用，持续、深远地影响着我们的日常生活。在这里，借助我在学医第四年时非常感兴趣的一门交叉学科——时间生物学，来解释其工作原理。

我们可以用非常直观的方式来理解这个概念：把生物体看作一个错综复杂的系统，需要内部各个部分协同合作以满足生存需要和实现各种功能。同时，身体还需要应对来自外部环境的刺激。因此，为了更好地调节生物活动和外部刺激之间的相互作用，机体活动逐渐形成了具有连贯性、规律性和周期性的变化模式。

所有生物都需要适应光线从明到暗的变化，睡眠与清醒的交替便是由此形成的节律；女性的月经周期大约每 28

天重复一次，这与生育机会直接相关。这两种节律是生物节律的典型代表，它们影响着体温、激素分泌、代谢、认知、体能表现乃至个性特征等诸多方面。

其中，以 24 小时为 1 个周期的节律，被称为“昼夜节律”（意为“大约 1 天”），睡眠 – 觉醒节律就属于这一类；而像月经周期这样周期更长的，则被称为“月节律”。

生物钟是调控生物节律的内在机制，而生物节律作为生物钟作用下的外在周期性表现，二者构成“调控者”与“被调控的周期性现象”的关系。这类内部生物钟不仅由人体神经系统和内分泌系统共同调控，还高度受外部环境影响。

皮质醇与生物钟

我们的生物钟并非不可动摇，它很容易受到我们的生活环境、健康状况以及生活方式的影响。科学研究发现，外部干扰（比如时差）、慢性疾病和压力等因素都可能导致月经周期的长度或规律性发生变化。同样，每个人的睡眠时间往往会受到自己生活方式的影响，比如工作时长、与朋友的夜间社交活动等，这些因素通常会与我们内部生物钟的预期时间产生冲突。

所以，尽管存在生物节律，但由于各种原因，我们很难始终遵循它，这就可能会对我们的健康产生影响。那么，在这个过程中，皮质醇何时以及如何发挥作用呢？

“皮质醇就是我们体内的‘秘密武器’，总能在紧要关头发挥重要作用。”

这一说法非常正确，后面我会进一步解析。其实在日

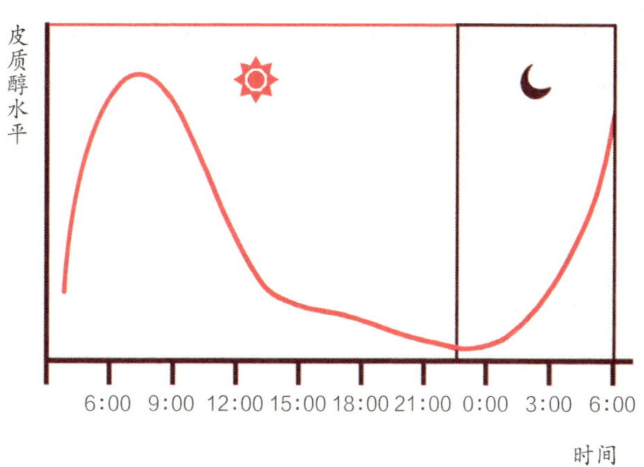

皮质醇分泌节律曲线示意图

常生活中，皮质醇也扮演着很重要的角色：**它的分泌峰值出现在早上 6 点至 8 点，也就是我们刚刚睡醒的时候。**在白天，皮质醇的分泌水平逐渐下降，到了晚上 10 点至 12 点，其分泌量几乎降至零，这是我们应该进入睡眠的时间。

因此可以这样说：白天，皮质醇助我们保持精力充沛；夜晚，其分泌量逐渐降低，直至“沉寂”。

或许有人会问：“既然肾上腺按时按点地分泌皮质醇，那么，是否所有健康人群的睡眠时间都相同呢？”

答案是否定的。科学家们通过分析人群的睡眠－清醒节律发现，由于先天倾向和生活习惯不同，人们可分为不同的“生物钟类型”：

- **晨型人。**这类人被称为“早起的鸟儿”，他们习惯早起，上午的精力最好，晚间活动结束较早。

- **夜型人。**这类人被称为“夜猫子”，与“晨型人”正好相反，这些人在夜晚时更加活跃和兴奋，吃晚餐的时间也较晚，往往深夜或第二天凌晨才入睡。

- **中间型。**这类人的特征介于“晨型人”和“夜型人”之间。

那么，是否“晨型人”更健康呢？研究表明，晨型人确实更健康，他们的生活习惯更符合人体内部生物钟的要求。从长期来看，这样的节奏更有利于身体健康。反之，打破昼夜节律常常会导致皮质醇分泌过多，会给身体带来一些麻烦。所以，“夜猫子”更容易面临包括心血管疾病以及胰岛素抵抗、糖尿病、肥胖症等代谢问题在内的多种慢性健康风险。

皮质醇：压力下的双刃剑

皮质醇与众多问题相关，压力是其中之一。

讲到皮质醇，我们先用科学的方式来解析对“压力”一词的定义。一般而言，压力是指使人感到紧张的事件和环境刺激。世界卫生组织将压力定义为“遇到困难引发的担忧或精神紧张状态”，从生理角度来看这也是我们的身体对任何需要关注或行动的事情的反应。压力是生活的一部分，每个人都无法避免要去面对。但是，我们应对压力的方式对自身健康状况有着深远的影响。

尽管压力在公共话题中经常被提及，但人们对它往往缺乏深度的探讨。对于医师来说，他们更关注的是压力对患者（以及我们所有人）的心理、情感以及生理状态的影响。

此外，压力并不仅仅指某一种情况，它可能是短暂且强烈的，如亲友突然死亡、意外事故、手术，也可能是长期且持久的，如持续的忧虑、难以消散的疼痛、长期失眠等。

在面对这些不同的压力情境时，我们的身体会产生不同程度的紧张反应，并向我们发出警示，表明身体应对压力已处于过载状态，需要更多资源来应对。

皮质醇就是这些必需资源之一。

当我们经常性地收到压力信号时，无论这些信号来自何种源头，我们的肾上腺都会分泌更多的皮质醇，帮助我们应对压力。

这是我们自我保护的生存本能表现，是我们身体内部必要的应对机制。就像兴奋剂一样，皮质醇可以使心脏更有效地泵血，并调动体内的能量储备，为我们提供更多的能量。此时，免疫防御会稍微降低，以减少炎症反应。

然而，虽然这种机制能帮助我们应对一时的压力，但是，正如接下来要讲的，如果长期依赖皮质醇，可能会产生适得其反的效果。

皮质醇分泌过多怎么办

皮质醇有时会分泌过多。当我们测出体内皮质醇水平异常升高时，第一步就是要确认是否有相关疾病。

值得庆幸的是，肾上腺发生病变的概率并不高，但在某些情况下，肾上腺会因病变出现皮质醇长期过度分泌（库欣综合征）或皮质醇分泌不足（艾迪生病）。虽然这些病症并不常见，但我们还是需要进行详细的检查，以排除这些可能性。

大多数情况下，皮质醇水平升高都不是因为肾上腺主动要“加班”。当身体面临持续的压力等状况时，会通过下丘脑－垂体－肾上腺轴（HPA 轴）发出警报，迫使肾上腺分泌更多的皮质醇。那么，该如何应对呢？

目前针对压力相关的皮质醇过量，尚没有直接抑制分泌的特效疗法，因此需要从调整生活方式入手，尽量避免触发皮质醇过量分泌的因素。

这再次印证了本书反复强调的观点：激素确实影响着我们的行为，但同时，我们的日常行为也反向塑造着激素环境。

因此，那些看起来不起眼的日常行为，可能对我们的健康影响重大。

如果我真的无法早点睡觉呢？如果我的工作需要晚上或深夜加班呢？如果我经常处于令人不安的环境中呢？如果我患有某种慢性疾病，其症状持续威胁到我的身体健康呢？

对于这些问题，答案都似乎过于简单且重复：我们的整体健康取决于多重因素。我们要认识到，某些自身缺陷或风险因素可能无法完全消除，但这不应导致我们丧失信心，甚至彻底缴械投降。相反，我们应该尽可能改变可以改变的生活行为，以降低风险。

对于皮质醇，恐惧是没有用的，因为无论我们是否恐惧，皮质醇的分泌都是人体正常生理活动的一部分。我们需要做的是建立与压力的健康互动模式。

ⓘ 认识误区：

肾上腺也会疲劳

这是最难消除的误解之一，正因如此，它正被越来越多人接受。那么，肾上腺疲劳究竟是什么？

肾上腺疲劳是一种由生理或情绪上的长期压力导致肾上腺功能衰退而引发的综合征。其症状通常包括慢性疲劳、易怒、注意力集中困难、无法抑制的饥饿感、睡眠质量差和体重波动等。

简而言之，该理论认为，当人们承受过大的压力时，其肾上腺会“疲劳”，产生应激激素的能力会逐渐减弱，从而导致皮质醇分泌逐步降低。

这就是很多人都听说过的“21 世纪综合征”。谁在日常生活中没有出现过至少一种上述症状呢？在肾上腺疲劳理论中，现代人面临的许多健康难题似乎都找到了答案，看起来很完美！

这一理论的提出者是自然疗法医师和整脊医师詹姆斯·威尔逊，他在21世纪初出版的一本书中首次提出了该观点。自那时起，他自诩为这方面的专家。按照他的说法，大约60%的人身上都存在类似问题。而且，“好心的”威尔逊还提供了一系列的保健产品以应对这种状态。

然而，遗憾的是，生理学的基础事实恰恰推翻了这个奇怪的理论：在长期的压力下，肾上腺的反应恰恰与威尔逊的假设相反，即它们会产生更多的皮质醇，而不是更少。除非处于疾病状态，否则我们的器官不会感到疲劳。

另外，还存在一种特殊情况，即肾上腺功能不全，也就是肾上腺功能减退。这种状况的成因众多，但压力并不在其中。

然而，一些所谓的专业人士却仍然在网络上宣传着“肾上腺疲劳症”这一概念，这迫使科学界不得不对其作出正面的回应。

在2016年发表的一篇题为《并不存在“肾上腺疲劳”这回事：一项系统综述》的文章中，作者明确表达了观点。

系统综述作为一种重要的科学文献形式，其过程严谨且全面。研究者需围绕某一特定主题，如本文的“肾上腺疲劳是否存在”，系统地搜集所有相关的已发表及未发表的科学文献。在这一过程中，运用临床流行病学等严格的原则和方法，对参考资料以及各项研究的科学性进行大量验证。通过对文献的筛选、质量评估，再进行定量或定性的合并分析，最终得出可靠的综合结论。而该文章仅从标题便直截了当地阐明了“肾上腺疲劳并不存在”这一核心观点。

所以，这个荒谬的理论是否可以从此寿终正寝了？并没有。如今仍有很多不合格的“专业人士”在进行误导性的诊断，借机推销价格昂贵的伪疗法。这既浪费金钱，也浪费时间。

结语

现在，我们即将结束这趟关于探索身体内在奥秘的旅程。如我们所见，人体是由无数隐形的联系和错综复杂的相互作用共同构建而成的动态系统。

在这本书中，我向大家分享了许多知识，但关于如何制订健康计划来维持人体的最佳状态，关于激素是如何塑造我们的生活，以及日常生活如何反过来影响我们的激素等话题，还有许多内容有待深入探讨。

期待这本书能够激发你们的好奇心，引导你们学会辨析真伪，理性地去看待那些所谓的“传言”。

更盼望你们读过这本书后，可以对自我有更深入的理解，也许，这将为你们的生活带来更多平和与宁静。

在序言中，我分享了自己作为医师和护理者的经历，因为这两种身份让我理解了一个极其简单但极为重要的常识，那就是建立良好的人际关系是何等的重要。

作为一名医师，我深知自己对患者所承担的重大责任。在我看来，对患者产生最大负面影响的，就是信息的“混乱”状态。

如果患者不清楚自己的问题所在、可能的解决方案是什么，以及为何需要进行大量的检查，那么一切都会变得模糊和不确定，这会令人感到恐慌。因此，清晰的医理解释与药物处方具有同等重要的地位，二者虽看似平常，实则都是强大的治疗手段。

我每天都在朝这一目标努力：寻找那种能够真正让我与面前的患者建立联系的力量，并且要确保他们的问题，或至少是大部分问题，都能得到解答。

感谢你们阅读这本书。

致谢

感谢我的母亲和姐姐，她们是我永远的港湾，给予了我无尽的力量和支持。这本书首先要献给你们，因为没有人比你们更长久地陪伴着我的成长。

感谢我的父亲，教会我为自己争取每一种可能，即使他已经离开我，却仍然在不断地给我启示。

感谢我在生活中遇到的每一位可亲可爱的朋友。你们知道我说的是谁，并且你们也知道，你们对我来说就像家人一样重要。

特别感谢费德瑞卡和莱莉亚，作为本书的第一批读者，给予了我巨大的支持。

感谢我的同事们，现在你们已是我的朋友和可信赖的倾诉对象，无论是为人处世还是工作方面，都给了我极大的帮助。

感谢都灵这座城市，教会我适度、内敛和平和之美。

感谢米拉和索罗，教会我尊重和爱护每一个生命。

感谢达涅莱，我永远眷恋的避风港。